环境规制政策影响经济增长机理研究

HUANJING GUIZHI ZHENGCE YINGXIANG
JINGJI ZENGZHANG JILI YANJIU

于潇 著

天津出版传媒集团

天津人民出版社

图书在版编目（ＣＩＰ）数据

环境规制政策影响经济增长机理研究 / 于潇著. --
天津：天津人民出版社，2022.1
ISBN 978-7-201-17789-2

Ⅰ.①环… Ⅱ.①于… Ⅲ.①环境政策—影响—中国
经济—经济发展—研究 Ⅳ.①X-012②F124

中国版本图书馆 CIP 数据核字(2021)第 231376 号

环境规制政策影响经济增长机理研究
HUANJING GUIZHI ZHENGCE YINGXIANG JINGJI ZENGZHANG JILI YANJIU

出　　版	天津人民出版社
出 版 人	刘　庆
地　　址	天津市和平区西康路35号康岳大厦
邮政编码	300051
邮购电话	(022)23332469
电子信箱	reader@tjrmcbs.com

策划编辑	王　康
责任编辑	郑　玥
特约编辑	佐　拉
装帧设计	汤　磊

印　　刷	天津新华印务有限公司
经　　销	新华书店
开　　本	710毫米×1000毫米　1/16
印　　张	13.75
插　　页	2
字　　数	200千字
版次印次	2022年1月第1版　2022年1月第1次印刷
定　　价	78.00元

前 言

　　改革开放以来,中国经济社会发展取得了举世瞩目的成就,但以要素驱动和投资驱动为特征的数量型经济增长模式在推动中国经济快速发展的同时,经济发展中低端供给过剩、高端供给不足、低质量供给与高质量需求间的不平衡、不协调的矛盾逐渐升级,日渐束缚着国民经济的持续增长。2017年党的十九大报告和中央经济工作会议指出,中国特色社会主义进入了新时代,中国经济发展进入了新时代,中国经济已由高速增长阶段转向高质量发展阶段。新时代,强化环境规制政策,转变经济增长方式,提高全要素生产率,推动经济高质量发展,是适应新阶段中国社会主要矛盾变化的必然要求。然而经济增长和环境保护是与社会发展休戚相关的两个方面,公共政策实践对任意一方的偏颇都将引发诸多社会问题,环境规制不足或规制过多均不利于经济社会的持续发展。因此,需要辨明环境规制政策影响经济增长的内在机理,科学把握环境规制的政策力度,以便设计出最佳的环境规制政策机制,推动中国经济的高质量发展。

　　本书采用理论分析与实证检验相结合的方式开展研究。首先,借鉴国内外已有研究,本书从内在激励、外在约束、中介效应三个方面剖析了环境规制政策影响经济增长机理的生成逻辑。环境规制政策影响经济增长机理的内在激励，表明环境规制政策经济效益源于资源环境效益价值属性以及经济增长对资源环境的依赖，而环境规制政策本身内生于资源环境领域的外部效应、产权不清、非竞争性市场、信息不对称等市场失灵的问题。环境规制政策影响经济增长机理的外在约束，表明当前宏观领域的供给侧结构性改革、绿色发展理念和生态建设特色实践。转变经济增长方式营造了良好的政治生态环境，但政策的交易成本和工具选择会抑制环境规制政策经济效应的发挥。环境规制政策影响经济增长机理的中介效应显示，环境规制政策是政府、企业、公众等利益主体相互博弈的结果，规制赞成者与反对者经由政治压力所达成的平衡会直接影响环境规制政策的有效性。与此同时，环境规制政策的形成与发展亦会推动新的经济制度形成与发展，影响经济增长速度与增长方式。

其次，鉴于环境规制政策的多样性与经济问题的复杂性，我们很难用单一学科厘清二者间的相互关系，本书选择从经济学、政治学、法学、社会学等多学科视角深入剖析资源环境问题产生的根源以及促进经济绿色增长的可行规制之道。结果表明，为有效化解转型期严峻的环境污染与生态危机问题，促进经济的持续性增长，需结合中国本土化的国情将不同学科的环境规制思想有机统一在一起。一方面，需要运用经济学和政治学相关知识，明晰环境规制政策目标是尽可能以较低的成本解决生态环境领域的市场失灵和政府失灵，以及为达成这些政策目标所需的绿色财税工具；另一方面，需要运用政治学、法学理论建构环境管理法规制度，明晰生态保护权责义务主体以及资源环境市场的交易规则，降低环境规制政策运行成本。同时亦需要运用社会学的社会互动论、社会建构论、社会分层论等优化环境规制制度体系，丰富环境规制政策工具。

再次，本书从技术创新、产业结构、国际直接投资（FDI）与全要素生产率四个层面剖析了环境规制政策影响经济增长机理的作用路径。具体而言，微观层面，环境规制政策既可能激励市场微观主体企业进行技术创新，提高企业生产效率，也可能诱发"成本遵循效应"，增加企业合规成本，抑制企业生产规模的扩大；中观层面，环境规制政策会通过影响产业竞争、产业区位、贸易结构等影响一国内部的产业变迁与升级，亦会通过影响 FDI 区位选择、FDI 产业分布与 FDI 规模等影响一国对外贸易总额与水平；宏观层面，环境规制政策会通过时间效应与空间效应调节资源要素在不同厂商、不同行业、不同区域以及不同时期间实现最优配置，促进全要素生产率稳步提高与国民经济持续增长。

　　然后，本书选用 2007—2016 年中国 30 个省级行政区域环境规制政策与经济增长的相关数据为研究样本，构建面板模型，借助数理统计分析、实证检验了中国环境规制政策的经济绩效。实证分析结果表明，环境规制政策的实施有助于促进企业技术创新、产业结构变迁以及 FDI 水平的提高，但对于全要素生产率的影响尚不明确，并且不同类型环境规制政策对经济增长的影响方式与程度存在较大差异，经济激励型政策的技术创新效应与产业结构变迁效应优于其他指标，社会参与型政策对 FDI 水平和全要素生产率的正向影响较其他指标显著。不同区域间环境规制政策的经济绩效亦存在显著差异，东部环境规制政策的技术创新效应与产业优化效应均最优，中部环境规制政策对 FDI 的吸纳效应较其他两地显著，西部环境规制政策对绿色全要素生产率的正向影响最显著。

　　最后，根据理论分析与实证检验结果，概述了本书主要结论，并从坚持清单式管理思维，明晰环境规制目标使命；厘清环境规制政策作用机理，丰富环境规制政策工具类型；立足区域经济发展现状，寻求环境领域精准规制；建设环境信息服务平台，以大数据助力绿色发展，推进关键领域配套改革，兜底民生缓解转型压力等方面提出了优化环境规制政策经济绩效，促进区域经济绿色增长切实可行的政策建议。同时，书末还从样本选择、研究内容、话语体系方面阐释了研究的不足以及未来可改进的方向。

目录
CONTENTS

第一章 导 论

第一节 研究背景与研究意义

一、研究背景

伴随着我国工业化进程的推进,环境污染问题日趋严峻。《中国生态环境状况公报》显示 2017 年全国 338 个地级以上城市 PM2.5(细颗粒物)的年平均浓度为 43μg/m³,70.7%的城市环境空气质量超标;在 1940 个地表水国控断面中,Ⅰ-Ⅲ类水质断面(点位)占 67.9%,劣Ⅴ类水质占 8.3%,在 5100 个地下水水质监测点中,较差与极差级点位占 66.6%;生态环境质量优良的县域面积占 42.0%,较差的县域面积占 33.5%。严峻的资源环境问题日益威胁着民众的生命健康与持续发展。

国际医学权威杂志《柳叶刀》(*The Lancet*)2012 年底发表的《全球疾病负

担 2010 年报告》认为,2010 年中国因空气污染造成约 120 万人早死以及 2500 万人伤残,2015 年柴静的《穹顶之下》指出中国过去十年肺癌发病率上升 300% 以上,2007 年,世界银行与中国国务院发展研究中心合著的《中国污染代价》报告称,中国因环境问题产生的年均经济成本为 0.6 万亿—1.8 万亿元,生态环境部研究显示,2010 年中国环境污染造成的经济损失约 1.1 万亿元,占国内生产总值的 3.5% 左右。[①]环境问题的本质是经济发展模式问题,关键取决于经济发展的质量和资源能源的利用效率,核心是处理好环境保护同经济增长的关系。[②]

2011 年以来,中国经济增速波动下行,经济发展中供给和需求不平衡、不协调的矛盾日益凸显,宏观经济运行风险与日俱增。为保持国民经济持续性增长,确保在 2020 年实现全面建成小康社会的奋斗目标,国家大刀阔斧地推进了供给侧结构性改革。供给侧结构性改革是适应中国经济发展新阶段的必然选择,也是实现由粗放型增长模式向集约型增长模式转变的必由之路[③],内在要求通过供给或生产的绿色化,提升资源要素的配置效率,促进人与自然的和谐发展。基于此,研究如何设计出合理的环境规制政策,更好地发挥环境规制在推进供给侧结构性改革进程中的积极作用,促进国民经济绿色增长迫在眉睫。

为更好地发挥环境规制对国民经济的促进作用,首先亟须厘清环境规制政策影响经济增长的内在机理。梳理国内外相关领域研究可知,自 20 世纪六七十年代蕾切尔·卡森(Rachel Carson)《寂静的春天》(*The Silent Spring*, 1962)、保罗·埃利奇(Paul Ehrlich)《人口炸弹》(*The Population Bomb*, 1968)、

---

① 参见覃涵:《数据:中国环境污染年失 3 万亿,死逾百万人》,http://news.qq.com/a/20151226/0144 38.htm,2015-12-26。

② 参见任勇:《供给侧结构性改革中的环境保护若干战略问题》,《环境保护》,2016 年第 16 期。

③ 参见李佐军:《供给侧改革助推生态文明制度建设》,《人民日报》,2016 年 4 月 15 日。

巴里·康芒纳(Barry Commoner)《封闭的循环——自然、人和技术》(The Clos-ing Circle—Nature Man and Technology, 1971)以及德内拉·梅多斯(Donella Meadows)《增长的极限》(The Limits to Growth, 1972)等书问世以来,人类的环保意识日渐被唤醒,各国环境保护力度不断提升,环境规制政策不断丰富。与此同时,学术界围绕环境保护与经济发展之间的关系进行了大量研究,但是已有研究主要是运用某一国家(地区)或产业的数据对既有环境经济理论进行实证检验,且多数研究主要围绕着一种环境理论阐释环境治理与经济发展的关系,较少有学者对环境规制影响经济增长的理论进行系统梳理与创新,对于环境规制政策影响经济增长机理的研究更是寥若晨星。然而环境规制作为公共治理的一项重要内容,背后涉及复杂的政治博弈、行政立法以及政府再造的过程,规制政策与方式是多种多样的,作为公共政策子系统的环境规制政策系统对于经济系统的影响是多方面的,很难用单一的经济理论验证环境规制对于经济系统多层面的影响。因此,需要在整合多种已有环境经济理论的基础上,从生成逻辑、理论框架、作用路径等方面系统阐释环境规制政策作用于经济增长的内在机理。

二、研究意义

党的十九大报告指出,当前中国经济已由高速增长阶段转向高质量发展阶段。在新阶段,研究环境规制政策影响经济增长的机理,探寻更具包容性、持续性的社会经济发展机制,对于深入贯彻党中央的绿色发展理念,推动国民经济结构的优化与经济增长方式的转型等均具有重要的理论和实践意义。

（一）理论意义

第一，立足中国经济发展现状，系统剖析世界经济增长的奥秘与中国经济增长动力的转换，有助于推进发展经济学的研究与深化。第二次世界大战以来，多数发展中国家试图以经济全球化为契机，积极发展外向型经济，缩小与发达国家之间的经济差距，但在日趋激烈的多级竞争中，发展中国家经济增长面临多重不确定性，世界财富仍聚集在少数发达国家，如何摆脱经济贫困问题，提升社会福利水平依然困扰着广大发展中国家。与根植西方发达国家的传统经济学不同，发展经济学致力于研究发展中国家的教育、就业、人口、贸易、金融等问题，提升发展中国家的经济绩效。本书立足中国经济发展现状，从技术创新、产业结构、FDI（国际直接投资）以及全要素生产率四个层面剖析了现代经济增长的源泉以及转型期中国经济增长的困境与出路，为深化发展经济学研究提供了翔实的案例资料，为发展中国家的经济转型提供了可靠的理论依据。

第二，深入考量中国环境规制政策的作用机理与实践绩效，有助于推动中国特色本土化政策话语体系的建构。长期以来，国际社会话语秩序发展不均衡，西方话语理论在世界政治、经济、文化、社会等领域占据主导地位，但是根植于西方国家政策实践的政策话语体系显然无法全然解决中国本土化的发展问题。加快推动中国特色政策话语体系的建构，以本土化的政策理论指导本土化的发展实践，是提升中国公共政策绩效的必然选择。本书以中国经济社会发展转型问题为切入点，系统地阐释了中国环境规制政策实践现状及存在的不足，并明晰了未来一段时期中国环境规制政策的创新路径，对于新时代中国特色政策话语体系的建构以及中国特色政策学科范式的形成具有重要的理论意义。

第三，科学辨明环境保护同经济增长的内在关系，探寻经济与环境相容的发展机制,有助于深入贯彻新发展理念,夯实生态文明建设的理论基础。产业革命之后,人类曾将经济发展作为永久持续的目标,致力于发展科学和技术,提升国民生产总值,环境问题的研究和保护被视为和平年代繁荣时期的"边际活动"①。20 世纪 70 年代左右,面对日益严峻的环境污染与资源紧缺问题,人们开始意识到有限的地球资源只能有限地满足地球上人口的需求,环境问题被纳入经济增长函数的考量之中。本书借助理论研究与实证检验相结合的方法多角度阐释了经济发展中资源环境问题的重要性,为新时代强化环境规制政策,践行党中央的绿色发展理念,推动社会文明的转型与发展提供了重要的理论基础和行动指南。

(二)实践意义

第一,系统梳理环境规制影响经济增长的文献研究,科学厘清环境规制政策影响经济增长的微观机理,有助于推动经济增长方式的转型,促进国民经济的高质量发展。改革开放以来,要素投入驱动型经济增长模式使中国实现了跨越式发展的同时,亦蕴藏着诸多不确定风险,经济发展中结构性失衡问题日渐突出。新时代,为了避免经济的失速增长,探寻经济增长的动力转换,提升经济发展的质量成为各界热议的话题。②基于发展经济学、公共政策学、环境经济学、公共管理学以及规制经济学等多学科的理论知识,本书深入剖析了环境规制政策影响经济增长的内在机理,明晰了不同类型环境规制政策对于技术创新、产业结构、FDI 以及全要素生产率的影响,为"对症下药"地转变粗放型经济发展模式,更好地践行"五大发展理念",为国民经济的提质增效提供了科学的政策指引。

---

① ［日］宫本宪一:《环境经济学》,朴玉译,生活·读书·新知三联书店,2004 年。

② 参见周小亮、吴武林:《环境库涅茨曲线视角下经济增长与环境污染的关系研究——以福建省为例》,《福建论坛》(人文社会科学版),2016 年第 9 期。

第二，准确评估环境规制政策的经济绩效，系统总结当前环境政策的经验与不足，有助于加速推进社会主义生态文明建设，更好地满足人民对于美好生活的需求。虽然中国在1983年就将环境保护确立为基本国策，但在物质资本相对匮乏的八九十年代，如何快速提升国内资本积累，扩大社会生产规模是国家经济社会建设的重心，资源环境问题被置于相对次要的位置，环境规制政策发展较为缓慢。21世纪以来，随着人们物质生活水平的提高以及环境污染问题的加剧，国家开始深化资源环境领域改革，加速推进生态文明建设。本书运用2007—2016年中国30个省级行政区域面板数据实证检验了环境规制政策对经济增长的影响，显然有助于及时发掘资源环境领域的政策短板，科学明晰生态文明建设的关键着力点，有效化解人与自然的紧张关系。

第三，全面深化环境规制政策体系改革，探寻经济与环境双赢的绿色发展道路，有助于更好地履行国际环保责任与义务，推动人类命运共同体的建设与发展。人类只有一个地球家园，利益交融、兴衰相伴，环保问题无边界，工业化进程产生的全球气候变暖、有毒污染物扩散、生物多样性锐减等环境问题的解决有赖于多国间的相互协作，共同参与。新时代，随着亚投行的建立、一带一路建设的实施，中国与越来越多的国家在能源、环境、基建、科技等多领域建立了多元合作伙伴关系，中国国际影响力显著提升。在此背景下，全面深化环境规制政策体系改革，构建绿色低碳循环发展的经济模式，有助于提升中国绿色治理的全球话语权，并向世界做出如何建设生态家园的大国示范，从而推动人类命运共同体的可持续发展。

第二节 概念界定与研究目标

一、概念界定

（一）环境与环境规制

《中国大百科全书》将"环境"释意为，围绕着人群的活动空间，能够直接或间接影响人类生存与发展的各种自然因素和社会因素的总体。世界卫生组织专家委员会将"环境"界定为特定时刻由物理、化学、生物等诸多因素构成的整体状态，其可能对生命有机体活动直接或间接地产生现时或远期作用。日本学者宫本宪一将环境定义为"以人类为主体的生态体系"，既包括诸如大气（气象）、河川、森林、动植物等理化的和生物学的环境，也包括由住宅、街道、绿地、公园、上下水道、清扫设施等城市社会资本所组成的人文景观。[①]国内学者王如松认为环境是相对于主体而言的，是生命有机体赖以生存、发展、繁衍、进化的各种生态因子与生态关系的总和。[②]本书中的环境概念主要是借鉴前人的研究成果，认为环境是指围绕着人类的生存活动空间会对人的生产、生活及发展产生影响的多种自然因素的总体，通常包含大气、水、林木、生物、矿藏等生态资源。

规制又称管制，植草益将规制定义为，在市场主导型经济体制下，为矫正或改进市场失灵，政府部门对市场微观经济主体活动的干预行为，可分成

[①] 参见［日］宫本宪一：《环境经济学》，朴玉译，生活·读书·新知三联书店，2004 年，第 61~62 页。

[②] 参见王如松：《生态环境内涵的回顾与思考》，《科技术语研究》（季刊），2005 年第 7 期。

经济规制和社会规制两类;[1]经合组织认为政府规制是政府及其授权的非营利机构对企业和公民施加影响的各种手段（诸如各级政府部门颁布的法律法规、正式或非正式命令、自律公约规定等），其基本类型包括经济性规制、社会性规制以及行政规制;[2]环境规制是社会性规制的重要内容已然是学术界的共识，但对于环境规制的定义与内涵，尚无明确、权威的界定与说明。傅京燕认为，环境规制是指由于资源环境问题具有外部性，政府部门采取多种政策措施，对市场主体的经济活动加以调节，使其在决策时将环境成本考虑在内，进而将市场行为调节到社会最优化生产和消费组合;[3]赵玉民等将环境规制视为规制机构采取有形制度或无形意识对个体或组织行为进行约束以保护和改善资源环境的行为活动;[4]于文超将环境规制定义为政府制定相应的环境法规、环保制度或监管政策等，规范市场经济活动中环境污染行为的管理活动。[5]本书环境规制的概念是指，为解决资源环境市场失灵问题，政府及相关部门通过制定相应的政策、法规与措施或者签订环境保护协议等对资源环境的利用行为进行调节，尽可能减少和避免环境领域的市场失灵问题，以达到环境和经济可持续发展的目标。

（二）环境规制政策

环境规制政策是实现环境保护目标的途径，作为目标与结果之间的桥梁而存在。根据分类标准依据的不同，环境规制政策可以划分为不同的类型。世界银行根据政策工具作用路径的差异，将环境规制政策工具划分为利

---

① 参见[日]植草益:《微观规制经济学》,中国发展出版社,1992 年第 10 期。

② See OECD, *The OECD Report on Regulatory Reform: Synthesis*, OECD.1997.

③ 参见傅京燕:《环境规制与产业国际竞争力》,经济科学出版社,2006 年,第 52 页。

④ 参见赵玉民、朱方明、贺立龙:《环境规制的界定、分类与演进研究》,《中国人口·资源与环境》,2009 年第 8 期。

⑤ 参见于文超:《官员政绩诉求、环境规制与企业生产效率》,西南财经大学,2013 年。

用环境法规型、利用市场型、创建市场型和公众参与型四种类别;[①]彭海珍、任荣明基于政府行为的角度将其归纳为命令管控型、经济激励型和商政合作型政策;[②]张弛、任剑婷依据政策适用范围的不同,把环境规制政策划分为出口国环境规制政策、进口国环境规制政策和多边环境规制政策三类;[③]赵玉民、朱方明等则将环境规制政策划归为显性环境规制政策与隐性环境规制政策两类,其中显性环境规制政策包含命令控制型、市场激励型以及自愿行动型三类,隐性环境规制政策主要包含生态环境意识和环保NGO(中国民间环保组织)两个层面。

依据学者已有的研究,结合中国环境规制政策实践现状,本书选择将环境规制政策归纳整理为经济激励型、行政督察型、立法监控型与社会参与型四类。其中,经济激励型环境规制政策主要是借助市场化手段将环境成本增加至企业生产函数中,引导企业在追求经济效益最大化的过程中实现节能减排与污染控制目标。行政督察型环境规制政策是指通过政府环保行政系统内部人员、机构、职能、制度的优化调整,构建起"深绿色"规制体系,科学贯彻执行党中央的绿色发展理念。立法监控型环境规制政策强调运用环境法律、标准、议案、文件等明确市场交易中利益相关者的环保权责义务,市场主体必须依规定节能减排,否则会面临法律或行政处罚。社会参与型环境规制政策是通过环境伦理价值观的教育和基层社会组织的民主变革,将低碳生态环保理念嵌入社会经济发展的制度安排中,促进公民自觉参与资源环境治理。

---

① 参见江珂:《中国环境规制对技术创新的影响》,知识产权出版社,2015年,第27页。

② 参见彭海珍、任荣明:《环境政策工具与企业竞争优势》,《中国工业经济》,2003年第7期。

③ 参见张弛、任剑婷:《基于环境规制的我国对外贸易发展策略选择》,《生态经济》,2005年第10期。

(三)经济增长

第二次世界大战以来,有关经济发展的文献始终被五种主要思潮左右着:①增长的线性阶段模型;②结构变动的理论与模式;③革命的国际依附理论;④新古典反革命的自由市场理论;⑤内生经济增长理论。

线性阶段理论的提倡者沃尔特·W.罗斯托(Walt W. Rostow)、罗伊·福布斯·哈罗德(Roy Forbes Harrod)和艾弗塞·多马(Evesey D.Domar)等认为人类历史发展常态下,从不发达经济体过渡到发达经济体会依次经历五个发展阶段,即从传统农耕社会阶段、谋求自身持续增长的准备阶段、经济起飞阶段、成熟阶段到高额批量消费阶段,而实现经济起飞的基本诀窍则是为保障促进经济增长的足额投资,必须充分动员国内外资本储蓄,更多地投资将导致更快地增长,除资本投资外,经济增长的另外两个因素就是劳动力增长与技术进步。

结构变革理论研究的核心问题是不发达经济体利用什么样的经济机制,使其从传统农业主导型经济转变为现代多元制造业、服务业主导型经济,其典型代表是威廉·阿瑟·刘易斯(William Arthur Lewis)的"两部门剩余劳动"理论模型与霍利斯·B.钱纳里(Hollis B. Chenery)的各种"发展模式"的经验分析。刘易斯模型致力于考察在新产业取代传统农业作为经济增长动力的一段时期内,一个不发达的经济、产业和制度结构变动的连续过程。而发展模式的分析者则注重强调国家的资源禀赋、政府政策与目标、可利用的外国资本、技术和国际贸易环境对于经济增长的影响。

国际依附理论的研究重点更多集中于国际力量的不平衡以及国内和世界范围内基本经济、政治和制度方面的必要改革上,在极端的情况下,该理论的倡导者主张彻底剥夺私人财产,以期通过公共财产所有制和公共控制消除贫困,提供更多就业机会,改善人们的健康、教育和文化状况,促进经济的增长。

新古典反革命自由市场理论的倡导者洛达·皮特·鲍尔(Roda Peter Bauer)、哈里·G.约翰逊(Harry G. Johnson)、朱利安·L.西蒙(Jnlian L. Simon)等则认为政府对经济活动的过度干预延缓了经济增长的步伐，主张依靠自由市场竞争消除要素、产品和金融市场上政府干预造成的价格扭曲，促进自由贸易和出口扩张，刺激外商投资，从而提高经济效益，促进经济增长。

以保罗·罗默(Paul Romer)和罗伯特·卢卡斯(Robert Lucas)等为代表的内生经济增长理论的倡导者认为经济增长率是内生的，换言之，促使经济持久增长的技术、资本等因素是在经济增长模型内决定的，强调知识溢出、人力资本积累、R&D(研究与试验发展)、规模收益递增以及不完全竞争、开放经济等内生因素对地域经济发展的影响。

发展经济学已有研究表明在任何社会，资本积累(包括国土上所有新投资，物资设备及人力资源)、人口规模膨胀及其带来的劳动力的增加、技术进步是现代经济增长最重要的三个源泉，此外，国家的经济结构(产业结构)、资源禀赋、政府政策与目标等在经济增长中也发挥重要作用。考虑到技术创新可以代表一个地区技术进步的水平，产业结构可以衡量一个地区经济结构的优化度，FDI能够反映一个地区吸纳资本投资的能力以及贸易的自由度与开放度，而全要素生产率则能够反映出非资本、劳动力等其他因素对经济增长变动的影响，因此本书选择技术创新、产业结构、FDI水平以及全要素生产率四个变量作为经济增长的核心代理变量。

二、研究目标

借鉴国内外已有研究，结合新时代中国经济发展的现实问题以及环境规制政策的实践情况，围绕环境规制政策影响经济增长机理研究的主题，本

书预期达到如下三个研究目标:

(1)科学辨明环境规制政策影响经济增长的内在机理。新时代背景下,中国正寻求通过强化环境规制转变经济发展方式,提升经济发展质量和效益。为尽可能提高环境规制政策的经济绩效,降低规制政策运转成本,亟须拨开复杂政策的网络表象,明晰环境规制政策影响经济增长的内在机理。为此,本书拟运用规制经济学、公共政策学、环境经济学、公共管理学等多种学科理论知识,从生成逻辑、理论解释、作用路径等层面辨明环境规制政策影响经济增长的内在机理,以期为深入推进资源环境领域改革,促进国民经济绿色转型提供扎实的理论基础。

(2)准确评估环境规制政策实践对经济增长的多重影响。环境规制政策主体多元化、政策工具多样性、政策目标多重性以及经济增长复杂性决定了环境规制政策经济效益存在多重不确定性。为了尽快补齐资源环境领域的政策短板,"对症下药"地转变以环境污染和资源耗竭为代价的粗放型经济增长模式,需要在明晰环境规制政策目标与作用机理的基础上,探索建立一套标准化的环境规制政策绩效评价指标体系,准确、客观地评估多样化的环境规制政策实践对于经济增长不同指标的多重影响,以期尽快找出环境政策经济效益的关键发力点与潜在阻力点,瞄准环境规制政策的改进方向,更好地激励市场主体改善生产经营管理,提升资源要素的配置效率。

(3)综合探索环境规制政策优化方案以助力经济转型。近年来国民经济增速的频频下滑表明依靠要素投入驱动的传统粗放型经济增长方式难以持续,转变经济发展方式,走低碳循环的绿色发展道路,内在要求政府部门强化环境规制,调整经济结构,提升经济增长的内在动力。为此,本书创作的重要目标之一便是根据环境规制政策影响经济增长机理的理论分析和量化检验结果,探索建立一套能够有效提升环境规制政策的经济绩效,推动国民经济持续发展的创新方案,以为相关领域的宏观制度、政策建议与实践模式的选择提供有根据的参考意见。

第三节 研究方法与技术路线

一、研究方法

　　环境规制政策影响经济增长机理研究既是一个较为复杂的理论性问题,又是一个颇为紧迫的实践性问题。本书总体上拟采用定性研究与定量研究相结合,结构分析与对比分析相结合,静态分析与动态演绎相结合等研究方法。为保证研究的科学性、前瞻性和可行性,依据文章主体内容的需要,本书将依次采用如下研究方法:

　　(1)基于发展经济学、公共政策学、环境经济学、公共管理学以及规制经济学等相关理论,本书采用文献研究法,系统梳理了环境规制影响经济发展相关研究的最新进展、最新观点和最新方法,并采用逻辑演绎法分析了环境规制政策影响经济增长机理的生成逻辑。

　　(2)在研究环境规制政策影响经济增长的作用路径时,运用层次分析法,从企业技术创新、产业结构、FDI、全要素生产率四个层面阐释了环境规制政策如何通过"波特假说""污染天堂假说""环境竞次竞争说"以及"环境库兹涅茨曲线假说"等理论作用于中国经济增长。

　　(3)在环境规制政策影响经济增长机理的实证检验方面,构建面板数据模型,采用固定效应模型、随机效应模型等验证不同类型的环境规制政策对于企业技术创新、产业结构优化度、FDI水平、全要素生产率变动的影响。并且运用描述性统计、结构分析、比较研究等方法,分区域、分时期验证不同类型环境规制政策对中国经济增长的影响。

(4)根据理论分析与实证检验结果,采用分析与综合、抽象与概括、归纳与总结等定性分析法概述出文章主要的研究结论,并从优化环境规制政策的角度提出促进经济绿增长切实可行的政策建议。

二、技术路线

本书以环境规制政策作用于经济增长的机理问题为导向,采用历史归纳和逻辑演绎相结合的方法展开主题讨论,按照"文献收集整理→提出问题→分析问题→解决问题"的步骤开展主题研究。首先,在收集整理国内外相关资料的基础上,分析了新时代中国经济发展与资源环境问题的现状;其次,从生成逻辑、理论解释、作用路径三个层面剖析环境规制政策促进经济增长的机理;再次,借助中国 30 个省级地区 2007—2016 年的面板数据对不同类型的环境规制政策经济绩效分别加以验证,并对东、中、西三个区域环境规制政策对经济增长的影响进行比较分析;最后,根据模型的实证检验结果,从优化环境规制政策的角度提出促进经济绿增长切实可行的政策建议。本书技术路线图详见图 1-1。

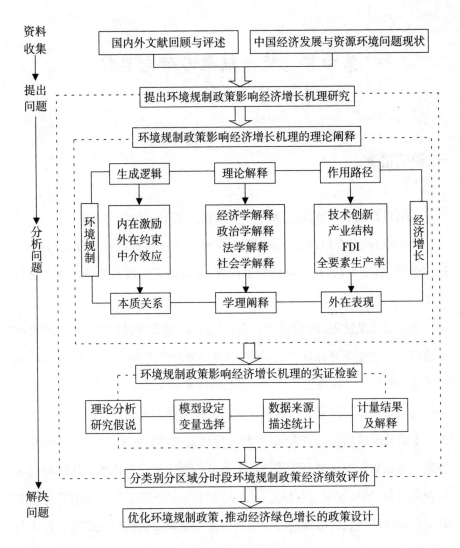

图1-1 技术路线图

第四节 研究框架与研究创新

一、研究框架

本书包含七个章节,每个章节的内容简述如下:

第一章导论:介绍环境规制政策影响经济增长机理研究的背景与意义、研究思路、研究方法、研究创新性等问题,并对研究中涉及的基本概念进行定义。

第二章文献述评:20世纪六七十年代以来,随着世界性环境危机问题的加剧以及人类生态环保意识的觉醒,围绕环境与经济增长的关系,学术界展开了激烈的讨论。环境究竟是经济增长的限制还是经济增长的动力,经济增长是造成环境破坏的罪魁祸首抑或改善环境质量的灵丹妙药引发了诸多争议。本章从经济增长的资源制约理论、绿色索洛增长模型、区域可持续发展理论三方面对资源环境与经济增长关系脉络进行了简要梳理,从环境规制与企业行为、环境规制与市场竞争、环境规制与经济增长三方面对环境规制政策影响经济增长的微观层面、中观层面与宏观层面的相关研究进行了归纳与概述。

第三章环境规制政策影响经济增长机理的生成逻辑:本章从环境规制影响经济增长机理的内在激励、外在约束、中介效应三个方面系统分析了环境规制政策作用于经济增长的逻辑机制。内在激励方面,从资源环境的价值性、经济发展对环境的依赖以及环境市场失灵阐释环境规制政策的内生性及其对经济增长的本质影响;外在约束方面,从宏观领域国家顶层设计、中观领域公共政策实践以及微观领域政策工具属性三个层面阐释了环境规制政策经济效益的外部推力、压力、阻力等；中介效应方面，从政策博弈和制度创新两个角度剖析了环境规制政策演变与政策创新对经济增长的间接影响。

第四章环境规制政策影响经济增长机理的理论解释：环境规制主体多元性、规制机制繁杂性以及规制目标多重性决定了环境规制政策工具的多样化及其经济效应的复杂性。环境规制政策工具的多样化及其经济效益的复杂性又决定了环境规制政策影响经济增长机理研究的跨学科性。因此，本章从经济学、政治学、法学、社会学等多学科视角，剖析了资源环境问题产生的根源及可行的规制之道，并据此分类梳理了当前中国环境规制政策实践现状及其不足，以期为新时代优化环境规制政策，有效破解抑制区域经济增长的资源环境紧箍咒提供有益的理论启示和行动指南。

第五章环境规制政策影响经济增长机理的作用路径：在一个自由的市场经济中，经济增长是内生的，经济结构趋向于以一种反映生产要素、偏好和某段时期比较优势的方式在发展。这种发展不是由物理学的铁律而是由社会的行为产生的，决定经济结构的是生产者和消费者，但掌权者能够借助政策工具诱导社会经济发展路径的变迁。现代经济增长理论的已有研究表明，技术创新、产业结构、外商直接投资以及全要素生产率在维持经济持续增长的过程中发挥着十分重要的作用。因此，本章运用层次分析法，从技术创新、产业结构、FDI、全要素生产率四个层面阐释了多样化环境规制政策如何通过"波特假说""污染天堂假说""环境竞次竞争说"以及"环境库兹涅茨曲线假说"等理论作用于地区经济增长。

第六章环境规制政策影响经济增长机理的实证检验：对于新时代的中国而言，采取适宜的资源环境政策，科学把握环境规制的力度，是推动经济高质量发展的应然之求。理智或判断力被确信可使自然法的重构体系具有效力,现代经济学家也日益推崇用数理统计将复杂的现象尽可能以简单的数量元素加以测量和解释,以增强其说服力。借助数理模型对环境规制政策影响经济增长复杂机理加以检验,及时发掘环境规制政策实践存在的不足及缺陷,是有效改进资源环境政策绩效,推动中国经济高质量发展的关键。因而,本章尝试通过构建面板数据模型,分别验证不同类型、不同地域、不同时期的环境规制政策对于地区企业技术创新、产业结构优化度、FDI水平以及全要素生产率的影响。

第七章结论:根据理论分析与实证检验结果,采用分析与综合、抽象与概括、归纳与总结等定性研究法概述出本书的基本结论,并从坚持清单式管理思维、丰富环境规制政策工具、寻求环境精准规制等方面提出了促进经济绿增长切实可行的政策建议。

二、研究创新

在现有文献资料研究的基础上,本书对中国环境问题与环境规制政策演变进行了系统梳理,从影响机理和实证研究两方面分析了中国环境规制政策对经济增长的影响,研究特色与创新之处体现在以下三方面:

(一)研究内容方面:全面系统地阐释了环境规制政策对经济增长的影响

考虑到技术创新能力、产业结构优化度、FDI水平和全要素生产率等指标的变化不仅能反映一个部门和国家/地区的经济质量和效率水平,也是文献中常用的最为重要的经济指标,但鲜有研究综合运用这四类指标衡量环境规制与经济发展之间的关系。因此,本书基于中国经济发展现状,借助"波特假说""污染天堂假说""环境竞次竞争说"以及"环境库兹涅茨曲线"等理论,从企业技术创新能力、产业结构优化度、FDI 水平和全要素生产率四个层面分析环境规制政策作用于经济增长的主要原理、方式、过程与路径。

(二)研究过程方面:建立了标准化的环境规制政策指标体系,科学度量了不同类型环境规制政策的经济效益

目前学术界在探讨资源环境政策与经济发展间的关系时尚未建立标准化的指标体系。规制政策指标选择直接关系到研究结论的准确性,如何选择适宜的政策指标科学地衡量中国环境规制水平,并系统、合理评价环境规制政策的经济绩效是本书的创新点之一。在中国,常见的环境规制政策包括经济激励型、行政督察型、立法监控型与公众参与型四类,每一类政策的性质都大不相同,在作用机理、使用情景、实施成本、激励相容、效率效果等方面存在很大差别。然而已有研究或是仅仅检验了一类环境规制政策的作用,或是以综合环境规制强度代表规制绩效,未能对不同类型环境规制政策对经济增长的潜在效益进行有效区分。因此,本书在依据中国资源环境政策变迁历程实现对环境规制政策合理分类的基础上,对各类环境规制政策工具对于企业技术创新、产业结构优化度、FDI 水平和全要素生产率的影响分别加以检验,以期在实现政策工具分类优化的基础上谋求工具间整体规制效果的最优。

(三)研究目标方面:结合微观规制和宏观经济发展,从深化环境规制政策改革视角探究了促进经济绿色增长的实践路径

新时代,为了更好地践行党中央五大发展理念,推动国民经济绿色、健康、持续性发展,各地区都在积极推进供给侧结构性改革,以增量改革促进存量的调整,努力提升资源要素投入产出效率。但供给侧结构性改革是一项庞大的综合性改革,涉及政府职能转变、经济制度变迁、要素市场优化以及

产业结构升级等,如何找准改革的切入点,抓稳改革的重心,是快速突破改革瓶颈,有效推动改革向纵深领域拓展的关键。当前,为适应中国社会主要矛盾变化的需要,供给侧结构性改革旨在用改革的办法推动国民经济的高质量发展,有效化解经济社会发展不平衡、不充分的问题,而环境规制政策强化在优化资源配置、推动国民经济增长动力转换,提升经济增长数量与质量方面扮演着重要角色,资源环境领域的改革贯穿于供给侧结构性改革的全过程。因此,本书基于供给侧改革的背景,从环境规制政策优化角度探析推动中国区域经济增长的长效路径具有一定的实践创新性。

第二章　文献述评

　　传统经济理论的研究焦点是经济增长过程中的"典型化事实"或者经济增长规律,较少关注经济增长与环境规制间的关系。20 世纪 30 年代至 60 年代发生在西方工业化国家的"八大公害事件",将人类经济发展与自然环境恶化的矛盾推向了顶点,人类无法继续漠视环境问题的存在,60 年代左右,欧美等国发起了一场浩浩荡荡的"环境保护运动"。[①] 20 世纪 70 年代起,无论是富裕国家还是贫困国家,都开始从不顾一切追求增长目标的困顿中逐渐摆脱出来,在发达国家,人们公开反对伴随工业增长所出现的对空气和水的污染、对自然的耗竭与对天然景观的破坏,着重强调改善生活品质,环境规制政策随之兴起。随着环境规制政策理论与实践的推进,20 世纪 80 年代左右,多领域学者开始围绕着环境规制与经济发展间的关系进行了大量的规范研究和实证度量。

---

① 参见刘传江、侯伟丽:《环境经济学》,武汉大学出版社,2006 年,第 8~9 页。

第一节　资源环境与经济增长关系脉络的简要梳理

一、经济增长的资源制约理论

如果人类能够无限量地进行生产、消费，永久地拥有任何资源和产品，那么世界上不会有分配不均、富人和穷人之分，财富会滚滚而来，果真如此的话，世界将会变成什么样？不得而知，乌托邦只是人类理想的伊甸园。经济学家已然从社会发展的现实轨迹中发现经济活动的范围存在着生态边界，经济增长会受到自然资源禀赋的制约。尽管在很长时间内，经济学家眼中没有自然资源，经济分析常常忽视资源环境成本，但是自然资源却持续不断地挑战经济学。18 世纪末托马斯·罗伯特·马尔萨斯（Thomas Robert Malthus）的人口论是这场挑战的序曲。1798 年马尔萨斯在《人口原理》一书中阐释了人口理论，指出同其他动物一样，人类也有尽其所能生育孩子的天性，这种天性会使人口按指数率繁衍，而生活资料受到资源环境禀赋束缚按算术级数增长，生活资料的增长滞后于人口规模的膨胀，除非采取某种有力的措施对人口增长进行抑制，否则就无法维持人类同生态环境之间的均衡状态，经济社会的发展将会被饥荒、疾病和旨在孤注一掷地竞争有限的食品供给的战争所制止。尽管马尔萨斯的人口论因没有考虑到收入、受教育水平提高对人口增长的影响以及技术进步的经济贡献等而饱受争议，但马尔萨斯的人口论却最先指出日益增大的自然资源的相对稀缺性有可能束缚经济的增长。

在英国工业革命即将完成的 1817 年，大卫·李嘉图（David Ricardo）撰写的《政治经济学和赋税原理》，通过建构名副其实的经济发展理论，阐释了自然资源禀赋制约经济增长的机制，指出在各等级土地面积固定的自然资源禀赋的条件下，人口增长导致食品价格上升，为了维持工业工人的生计，就需要提高工人的货币工资，工资成本的提高会造成工业资本积累的减少和生产利润率的下降，当工业资本积累和生产利润率下降至极限，经济增长率则趋于零。其思想核心是农业中土地利用边际成本上升，食品生产报酬下降，制约了现代部门的增长。与马尔萨斯不同，李嘉图并没有强调资源的总量有限，而是强调资源的品质有所不同，指出社会扩增自然资源的使用量，使资源品质不佳者也必须投入生产，随着资源品质逐渐下降，生产边际成本在不断上升，且优良品质的资源享有差别地租。与农业生产中边际土地的开发类似，其他自然资源也会随人类使用量的增加而使使用品质日渐下降，引起边际成本不断上升，影响经济持续增长。

古典经济学家约翰·斯图亚特·穆勒（John Stuart Mill）在《政治经济学原理》（1862）中指出任何社会生产都必须具备劳动、资本以及自然资源三类要素。其中，自然界所提供的资源能源，是进行生产不可缺少的必要条件，它是生产的"自然要素"，也是三类要素中，唯一能够真正限制社会生产增加的要素。并且穆勒认为土地是最主要的要素，但存在土地报酬递减规律，生产物品的每次增加，都是通过单位土地上劳动投入的超比例增加而实现，只有持续保持技术进步，才能抵消土地报酬递减法则的作用。穆勒担忧随着人口的增加，食物需求的增多，越来越多的土地将被开垦，土地的品质会下降，生物多样性也会受到影响，因此他认为人类应该在未被环境压迫之前，就要营造一种稳定的状态。

福利经济学之父阿瑟·塞西尔·庇古（Arthur Cecil Pigou）是最早从动态分析注意到资源配置跨时期问题的学者。他在《福利经济学》（1920）中揭示了每一个人都是更喜爱特定数量的现在的快乐或满足，而不是同等数量的未来的快乐或满足，即便是未来的快乐或满足必然发生。因此，当每个人将他所拥有的资源配置于现在、不久的将来和遥远的未来时,大多数会倾向于选择在现在就能产生或获得的较小的满足,而不会选择从现在开始一些年以后才能产生或获得的更大的满足。人们的短视行为会加剧后代人的资源紧缺型问题,影响经济的增长。因此,他建议政府从三个方面强化资源环境的管理,一是妨碍储蓄的课税应被废止;二是需借助法律保护资源环境,以防止竭泽而渔的行为;三是通过财税政策建立投资诱因,增加社会经济福利。[①]

20世纪60年代末肯尼思·鲍尔丁(Kenneth Ewert Boulding)阐述了"宇宙飞船经济"理论,认为人类赖以生存、繁衍和发展的地球,仅仅是茫茫宇宙中一支微小的太空船。传统"牧童经济"模式下,人类活动产生的多种废弃物终将污染"飞船"舱内的一切,随着人口持续增加,飞船内有限的资源要素会逐渐消耗殆尽,届时,地球会走向崩溃的边缘。因此,鲍尔丁主张转变经济发展理念与模式,变"消耗增长型"经济为"休养储备型"经济,以"循环式经济"替代"单程式经济",重视改善人类整体福利水平,推动经济与社会的持久性发展。[②]

成立于1968年的罗马俱乐部,1972年发布了《增长的极限》(*The Limits to Growth*),认为人类社会的增长由加速发展的工业化、人口规模的膨胀、粮食短缺和营养不良、自然资源的枯竭以及生态环境的日益恶化五种趋势构成,而且这五种趋势的物质量构成了所有正反馈回路。人口的增多,需要更多的粮食和工业品,粮食和工业品生产是通过资本增长而增加的,而资本增长源于资源要素投入量的增加,较多的资源消耗会释放较多的污染物,环境污染加剧又会影响人口和粮食的增长。[③]因此,人类社会的经济会无限地增

---

① 参见[英]A.C.庇古:《福利经济学》,朱泱、张胜纪、吴良健译,商务印书馆,2006年,第29~37页。

② 参见沈满洪:《资源与环境经济学》,中国环境科学出版社,2007年,第22页。

③ 参见[美]丹尼斯·米都斯等:《增长的极限:罗马俱乐部关于人类困境的报告》,李宝恒译,吉林人民出版社,1997年,第99~143页。

长是不现实的,无论公共政策做如何调整,产业技术如何革新,经济增长终将因资源环境要素的耗竭而停滞不前。地球是有限的,人口规模的指数增长和非再生性资源的耗竭将形成经济增长的极限。因此,人类需要自我限制增长,努力从传统数量型增长过渡到全球均衡的状态,但对那些不要大量不可替代的资源以及不会造成生态环境严重退化的人类活动(诸如教育、音乐、基础科学研究等),仍可以无限地继续增长。

杰里米·里夫金(Jeremy Rifkin)和特德·霍华德(Ted Howard)在《熵:一种新的世界观》(1981)中指出,人类的高能社会、经济体制十分脆弱,如果完全依靠非再生能源的不断输入来维持经济社会的发展,在未来二三十年间人类家园就可能濒临崩溃的境地。因为按照熵定律,地球可用的能源存储量正日渐衰竭,人类使用的能量越多,身后其他生命的可得能量则越少,历史是一个走向衰亡的过程。当熵持续增加诱发能源要素发生质变时,人类历史濒临危急分界线,在日益贫瘠的自然环境里求生存必将更加困难。因此,里夫金等认为为了维持人类的长远生存与发展,必须放弃对地球资源掠夺式的利用,人类应建立一个以太阳能和可再生能源为能源环境的低熵社会,以理性地遵循和适应自然生态秩序。①

从18世纪末19世纪初马尔萨斯的"人口论"、李嘉图模型到20世纪七八十年代罗马俱乐部"增长的极限理论"、里夫金的"熵世界观"理论,经济学家和社会学家已经意识到了在有限的自然生态系统中难以实现无限增长的目标,经济增长会受到自然资源环境的制约。围绕着经济增长的资源制约理论,学者们的研究可以归纳为三大理论流派:一是悲观派,认为环境问题是由于经济发展、技术进步、人口爆炸等造成的,并预言这种情况如果持续下去,势必导致地球毁灭,因此主张通过限制经济增长以解决经济发展的无限

---

① 参见[美]杰里米·里夫金、[美]特德·霍华德:《熵:一种新的世界观》,吕明、袁舟译,上海译文出版社,1987年,第230~238页。

性与资源环境的有限性之间的矛盾;二是干预派,认为增长的现代不是某种客观的自然因素,而是与现代社会的政治制度、国际贸易关系和人们的社会活动联系在一起,强调通过政府部门采取适当的方法和措施,合理调控资源耗竭和环境污染问题;三是伦理派,主要从代际间伦理、地球整体主义、自然生存权等角度阐释了经济发展中产生的资源环境问题,倡导通过革新经济发展理念,重构人类的环境伦理价值观,来解决日益严峻的环境污染与资源紧缺问题。

二、绿色索洛增长模型

20 世纪七八十年代左右,各国为应对日益严峻的环境污染和资源紧缺问题,促进国民经济持续增长,开始尝试通过颁布环保法规、严格环保标准、征收环境税收等规制政策,改善资源要素投入产出效率,控制环境污染物的排放。虽然经济增长会受到有限资源环境的约束,其存在的生态边界已成为人们的共识,然而对于环境因子的约束是否能保证经济的持续增长却引发了学术界的热议。经济理论模型的研究有助于为科学厘清环境规制与经济发展关系提供一种有益的思考框架。在环境与经济增长的理论建模方面,Gradus,Smulders(1993)借助新古典模型、无意识的内生增长模型以及有意识的内生增长模型三种模型剖析了市场主体环保行为对产业技术革新和地区经济增长的影响。[1]Levinson(2000)[2],Andreoni & Levinson(2001)[3]建立了

---

① See Gradus R.,S. Smulders.,The Trade-off between Environmental Care and Long-term Growth Pollution in Three Prototype Growth Models,*Journal of Economics*,1993.

② See Levinson A.,The Ups and Downs of the Environment Kuznets Curve,*Prepared for the UCF/ Center conference on Environment*,2000,November 30–December2.

③ See Andreoni J.,Levinson A.,The Simple Analytics of the Environmental Curve,*Journal of Public Economics*,2001,80(2).

鲁宾逊-克鲁索模型(Robinson Crusoe Model),阐释了消费者如何在禀赋约束下实现效用最大化问题,从微观角度研究了环境污染与经济增长的相互关系。在理论模型建构方面,Brock,Taylor(2004)[①]的研究更具代表性,他们将环境约束纳入索洛增长模型,建立绿色索洛增长模型(Green Slow Model),以检验生态环境改善的同时能否实现地区经济持续增长。参考基本索洛模型,Brock 和 Taylor 同样运用了具有固定存储率的标准单部门模型和柯布-道格拉斯型生产函数。即:

$$Y=F(K,BL),\dot{K}=sY-\delta K,\dot{L}/L=n,\dot{B}/B=g$$

上式中,Y 是产出,K 与 L 是资本存量与劳动力,B 是劳动的技术进步,n 与 g 分别是人口增长率与劳动技术进步率,s 与 δ 是固定存储率和资本折旧率。

假定单位经济活动 F 会释放 Ω 单位污染,治污行动使得环境污染物的实际排放量会低于经济活动中的产生量。治污水平 A 是社会经济总量 F 与治污努力 F^A 的一次齐次函数。如果有治污水平 A,污染物削减量是 ΩA,实际污染物的排放量则是经济活动产生的污染量减去治理的污染量,用公式可表示为:

$$E=\Omega F-\Omega A(F,F^A)$$

$$E=\Omega F[1-A(1,F^A/F)]$$

$$E=\Omega Fa(\theta)$$

其中,治污函数 $a(\theta)\equiv[1-A(1,F/F^A)]$,并且 $\theta=F^A/F$,表示污染整治过程中耗费的资源要素,称作治污强度。实际运用中,治污函数通常用 $a(\theta)=(1-\theta)^b$ 表示,其中 $b>1$。

从污染物排放量公式可以看出污染量是由经济活动总量 F 决定,同时

---

① See Brock W.A., M.S.Taylor., The Green Solow Model, *NBER Working Paper*, No.10557, 2004.

也取决于技术水平 $\Omega a(\theta)$，技术水平的改变可以通过改变治污强度 θ 和降低参数 Ω 的技术进步来实现。由于治污努力 F^A 包含在经济总量 F 中，同时治污活动过程中也会释放污染物，因此治污活动和经济生产使用总量既定的资源要素，当资源要素中治污活动耗费的比率为 θ，能够用于经济生产的资源要素则为 $1-\theta$，θ 数值是恒定的。

若进行污染治理，用于消费或投入的资源要素产出量会变为 $Y=(1-\theta)F$。环境污染存量 X 的动态方程由 $\dot{X}=E-\eta X=\Omega Fa(\theta)-\eta X$ 确定，其中，η 是环境自净系数。为保持基本索洛模型中外生技术进步率 g 的一致性，假设治理污染的技术进步率是外生的，且 $gA=-\dot{\Omega}/\Omega>0$。利用上述一系列假设，可以将绿色索洛模型写为如下形式：

$$y=f(k)[1-\theta]$$

$$\dot{k}=sf(k)[1-\theta]-(\delta+n+g)k$$

$$E=BLf(k)\Omega a(\theta)$$

$$\dot{X}=E-\eta X$$

$$gA=-\dot{\Omega}/\Omega$$

其中，$k=K/BL$，$y=Y/BL$，$f(k)=F(k,1)$。

假若生产函数 F 满足稻田（Inada）条件，则能够推导出经济增长的条件。给出既定治污强度 θ，经济增长始于任意 $k(0)>0$，参照基本索洛模型，经济会收敛于唯一的稳态 K^*。当社会经济接近平衡增长路径时，经济总量、消费总量和资本总量都将以 $g+n$ 的速率上升。当经济处于稳态增长时，则 $g_y=g_k=g_c=g>0$，自然环境问题可能将持续恶化。因为当 k 沿平衡路径接近稳态 K^* 时，环境污染排放总量的上升速度为 G_E，其值可能为正，也可能为负，$G_E=g+n-g_A$，其中，$g+n$ 代表增长对排放的规模效应（即污染总量的增长率），这是由于在平衡增长路径上，经济总量以 $g+n$ 的速度上升，g_A 则表示治污技术进步产生的技术效应。

如果将社会经济可持续增长定义为人均消费持续上升($g>0$)和污染排放量的持续减少($G_E<0$)的平衡增长路径,那么可持续增长条件应满足$g>0$和$g_A>g+n$。

持续增长条件表明,若想稳步提升人均收入水平,必须不断推进技术创新,若想抑制生态环境的持续恶化,治污技术进步率必须高于经济产出增长率。

绿色索洛模型虽然简单,但它为经济增长与环境间关系的实证研究提供了颇具建设性的解释。绿色索洛模型表明,污染治理的强度变化会影响环境污染物排放量和人均收入水平变化的时间轨迹,同时,不同性质的技术进步将会产生不同的环境效应,生产技术进步可能造成污染排放总量的增加,环境治理技术进步则会显著降低经济活动中污染物的排放量。绿色索洛模型不仅指出了经济实现持续性增长的必要条件,也阐明了技术进步(包括环保技术进步)的重要作用,特别是技术进步有助于实现较低经济收入水平上改善环境问题的可能。[①]尽管绿色索洛模型仅仅考虑了生态环境污染问题,不曾探讨自然资源的价值属性,且同时假定污染削减强度是外生变量,忽略了治污努力会随资源环境和市场法律法规的变化而变化,但它却表明环境规制并非是经济发展的阻碍因素,反而有可能成为刺激国民经济持续增长的重要动因。

三、可持续发展理论

巴里·康芒纳(Barry Commoner)曾言环境是一个极其复杂庞大的活机器,

---

① 参见王文普:《环境规制与经济增长研究——作用机制与中国实证》,经济科学出版社,2013年,第17~19页。

这部机器是生物学的资本,是人类赖以生存和发展最基本的设备,如果环境遭受毁灭,任何依赖于它的政治经济体系都将面临崩溃与瓦解。[1]保罗·谢泼德(Paul Shepard)也曾指出,如果人类希望长久持续存在,则需要学会妥善利用各种自然资源,努力达到与自然相协调的稳态。[2] 20 世纪七八十年代左右,随着人口增长加速、资源环境问题日渐恶化,社会环保意识开始觉醒,人类社会发展观发生了一次重大的转变,单纯强调物质资本投入的发展观逐渐让位于强调资源分配优先次序与资源配置效率的可持续发展观,人类由此踏上探寻人与生态和谐相处的经济增长之路。

可持续发展思想最早源自 1972 年 6 月 5 日联合国人类环境研讨会发布的《人类环境宣言》,宣言明确指出环境保护是关系到全人类幸福与发展的重要问题,呼吁人类为了共同利益,应用科技发明减少和控制环境问题,促进经济与社会的长远发展,这预示着人类开始正视生态环境和经济发展之间的关系问题。1980 年,《世界自然保护大纲》的出版,首次阐明了可持续发展的思想,强调"人类应科学地开发利用生物圈的各类资源,使其既能够满足当代人的最大需求,亦能够满足后代人的需求"。1987 年 2 月,以格罗·哈莱姆·布伦特兰(Gro Harlem Brundtland)为首的世界环境与发展委员会,向联合国呈递《我们共同的未来》报告,进一步明确将可持续发展定义为既满足当代人的需求,又不会危害后代人满足其需求的能力的发展,并提出了一系列资源环境管理的政策目标和行动建议,这标志着可持续发展理论的正式形成。随后,1992 年 6 月联合国环境与发展大会上,来自世界 178 个国家(地区)的领导人共同签署《21 世纪议程》,意味着可持续发展观在世界范围

---

[1]　See Barry Commoner, *The Closing Circle Nature*, Man and Technology, Bantam Books, Inc., 1974, p.12.

[2]　See Paul Shepard, Daniel Mckinley, eds., *The Subversive Science*, Houghton Mifflin Co., 1969, p.401.

内得到了广泛的政治认同，为世界各国践行新的绿色发展理念提供了行动指南。新时代，联合国 2016—2030 年的全球可持续发展目标(SDGs)的发布，表明可持续发展观正日渐成为指导各国经济环境健康发展的中轴原理。

在可持续发展转入国际实践领域的同时，围绕可持续发展理念与路径，学术界进行了大量理论探索与思考。莱斯特·R.布朗(Lester R. Brown)的《建设一个持续发展的社会》(1981)是西方国家系统论述可持续发展问题的第一部学术性专著，布朗认为 20 世纪 80 年代的经济压力根源在于环境恶化和资源不足，因此主张从稳定世界人口、保护地球资源、更多利用可再生能源以及改变价值观念等方面践行可持续发展的途径，初步描绘了一个持续发展社会的蓝图。①赫尔曼·E.戴利(Herman E.Daly)(1996)认为，为实现可持续发展就需要对当前以增长为中心原则的数量性发展观进行清理，建立以福利为中心原则的质量性发展观，并提出实现可持续发展的四条操作性建议：一是停止将自然资本消耗计算作为收入；二是对劳动及其所得少课税，对资源环境流量多课税；三是要从强调劳动生产率转向强调资源生产率，短期内应该使资源要素的生产率最大化，长期则要加强对资源要素的投资以扩大供给；四是认清以自由贸易、资本流动和出口为导向的全球化对可持续发展的不利方面，倡导以国内市场为首选发展国内生产。②

国内学者牛文元(2012)将可持续发展视为一个国家或地区不断创造与积累出理性高效、均衡持续、少用资源、少用能源、少牺牲生态环境，在综合降低自然资本、社会成本、制度成本等的前提下，最终获取"品质好的 GDP"

---

① 参见[美]莱斯特·R.布朗：《建设一个持续发展的社会》，祝友三译，科学技术文献出版社，1984 年，第 111~295 页。

② 参见[美]赫尔曼·E.戴利：《超越增长——可持续发展的经济学》，诸大建、胡圣等译，上海译文出版社，2001 年。

的过程。为此,主张破除传统非理性粗放式的经济增长模式。[①]诸大建(2016)运用对象—过程—主体的分析模型阐释了可持续发展理论,在对象维度,强调经济社会发展不能超越生物圈的物理极限;在过程维度,强调将资源环境的污染整治和源头预防相结合;在主体维度,强调多元主体协同共治,共同推动经济社会的持续发展。[②]

工业革命以来,机械化大生产替代了简单手工劳动,日益先进的物质手段创造出巨大的物质财富。在追求经济增长的过程中逐渐形成了以追求物质为中心的消费观,以满足不断膨胀的以需求为中心的生产观,个人追求拥有更多财富、追求消费极大化,企业生产追求更大规模、更多利润。这种片面追求增长、忽视环境破坏的发展引发了资源枯竭、生态破坏、能源危机等问题,同时人口数量日渐增多,人与环境的矛盾逐渐激化,人类生存环境开始遭受威胁。从世界范围来看,工业化进程中对资源能源的过度开发与利用以及对自然环境的持续污染与破坏,不断侵蚀着支撑世界经济百年繁荣的物质基础,日渐束缚着人类社会的可持续发展(阿兰·兰德尔,1989)。[③]

20世纪七八十年代,面对不断恶化的资源环境问题和未来社会的生存问题,人类开始反思自利的行为方式,反思传统的发展观念,因此可持续发展观由此产生(王珍,2006)。[④]可持续发展理论的形成与发展,扫除了人类对未来的消极黯淡心理,一种积极"谨慎乐观"的理念逐渐廓清,并且逐渐成为多元世界里人类社会发展的共识(牛文元,1994)。[⑤]巴里·康芒纳(Barry

---

[①] 参见牛文元:《可持续发展理论的内涵认知——纪念联合国里约环发大会20周年》,《中国人口·资源与环境》,2012年第5期。

[②] 参见诸大建:《可持续性科学:基于对象—过程—主体的分析模型》,《中国人口·资源与环境》,2016年第7期。

[③] 参见[美]阿兰·兰德尔:《资源经济学——从经济角度对自然资源和环境政策的探讨》,施以正译,商务印书馆,1989年。

[④] 参见王珍:《人口、资源与环境经济学》,合肥工业大学出版社,2006年,第235~237页。

[⑤] 参见牛文元:《持续发展导论》,科学出版社,1994年,第14页。

Commoner)谈到既然经济学是资源分配的科学,而一切资源又都是从生态领域取得的,维持一个破坏生态领域的经济制度,是愚蠢的。自然资源的使用和生态环境的管理是经济社会持续发展的中心议题, 如果使人类的生活在将来始终保持一种可持续的状态, 就必须找到一种新的发展路径将环境保护与经济增长统一起来。国内外关于可持续发展理念和模式的既有研究,表明在自然生态边界范围内,人类能够实现经济、社会、环境的协调发展,在保持经济增长的同时,资源环境问题能够不断得到改善,社会能够得到持续进步。关于可持续发展战略计划与政策实践的探讨,则阐明了人类实现经济与环境持续发展的具体政策路径,即人类可以通过设立环境管理机构、征收环境税费、实施排污许可证、制定环境法规、标准、公约等环境规制政策提高自然资源利用率,降低环境污染物排放量,使维持生命体发展所必需的生态系统处于良性循环状态,不断满足人类社会持续增长的需求。总之,可持续发展的理论研究与实践推进,正赋予人们新的经济发展观,即"以高品质的发展观取代纯数量的增长观",为促进经济与环境的协调发展提供一种可行的指导思想和实践路径。

第二节 环境规制影响经济增长国内外的文献回顾

一、环境规制与企业行为

作为社会财富的主要创造者和资源环境的主要使用者, 企业在环境污染、资源枯竭、生态破坏中也扮演着重要角色。一方面借助现代化生产技术,开发利用自然资源,创造社会财富;另一方面会排放废弃物,加剧资源环境问题,危害人类的健康与发展。企业目标是追求经济效益的最大化,当不存在任何外部效应时,企业收益与社会福利保持一致。然而当企业生产行为存在负外部性时,社会公共福利极易受到影响。因此,作为公民代理人的政府部门会制定和实施环境规制政策,以规范市场主体的外部性行为,努力增进社会公共福利。政府规制本质上是一个最优机制设计的问题,在既定的信息结构、约束条件和可行工具的前提下,分析规制双方行为和最优权衡,在激励和抽租之间进行权衡和取舍,设计出合约菜单,实现最优规制。[①]在环境规制中,政府规制合约(政策)对排污企业课以何种责任将会影响到交易双方的预期,从而对企业形成不同激励,以改进实体经济的运营绩效。围绕环境规制与企业行为的关系,国内外学者进行了大量研究:

对国外研究而言,宏观方面,Harford(1978)分析污染企业应对环境规制政策的策略发现,在企业追逐利润的过程中,企业逃税概率与环境污染税率的高低呈正相关关系, 当企业减污边际收益等于其减污边际成本与规制成本之和时,才能达到环境规制成功的均衡条件。[②] Milstein,Hart 等(2002)发现当政府采用高强度环境规制时,企业倾向于采用环境治理策略,环境规制政策异化水平低,反之,当规制强度较低时,企业很少采用环境治理策略,且环境规制政策异化水平较高。[③] Delmas,Toffel(2004)建立了企业行为制度压力模型,运用利益相关者理论分析了企业环保实践问题,指出企业环境管理行为是企业股东、行业竞争者、产业协会、政府组织、消费者以及地方环保组

---

① 参见[法]让·雅克·拉丰、让·梯若尔:《政府采购与规制中的激励理论》,石磊、王永钦译,上海人民出版社,2004年,第31~38页。

② See Jon D. Harford.,Firm behavior under imperfectly enforceable pollution standards and taxes,*Journal of Environmental Economics and Management*,1978(1).

③ See Milstein,M.,Hart,S.,York,A.,Coercion breeds variation:The differential impact of isomorphic pressures on environmental strategies,In A. Hoffman & M. Ventresca(Eds.),Organizations,*policy and the natural environment:Institutional and strategic perspectives*,Stanford University Press.

织等多主体共同施压的结果,但在多种利益相关者的作用力中,以环境管制为特征的官方制度性压力是企业绿色行为的主推力。[1]

微观方面,Goulder,Mathai(2000)的研究证明环境规制有助于激发企业开发和利用环境友好型技术,优化资源要素配置水平,有效降低经济活动中环境污染物的排放。[2] Delmas(2002)研究发现政府规制能够通过提高绿色企业的声誉或者为企业提供遵守环境标准的技术帮助,促进企业遵守 ISO 14001 环境系列标准。[3] Lanoie,Laurent-Lucchetti 等(2011)对经合组织 7 个国家 4200 家制造工厂的问卷调研结果显示,环境规制政策的实施能够诱导企业增加与环保相关的 R&D 经费投入,促进企业生产技术革新。[4]

对国内研究而言,在宏观方面,胡建兵、顾新一(2006)研究表明在缺乏资源环境监管政策的情况下,企业生产具有污染加重、资源浪费、效率低下等特征;在存在资源环境监管政策的情况下,企业生产会呈现出要素配置较优、污染物排放降低等特征。[5]胡元林、陈怡秀(2014)以企业成长周期理论为依据,剖析了不同发展阶段环境规制政策对企业行为的影响,指出在创业期,企业的环境战略选择是机会追求型,污染治理方式是源头控制为主,在研发方面会积极研发环境友好型产品,在成长期和成熟期,企业的环境战略选择分别是适应型和持续发展型,污染治理方式均以末端治理、过程控制为主,在衰退期,企业的环境战略是规制应对型,基本无治理,减少产量或进行

[1] See Magali Delmas,Michael W. Toffel,Stakeholders and Environmental Management Practices: An Institutional Framework,*Business Strategy and the Environment*,2004(13).

[2] See Goulder L.H.,K. Mathai,Optimal CO2 Abatement in the Presence of Induced Technological Change,*Journal of Environment Economics and Management*,2000(9).

[3] See Magali Delmas,The diffusion of environmental management standards in Europe and the United States:an institutional perspective,*Policy Sciences*,2002(35).

[4] See Lanoie,P.,Laurent-Lucchetti,J.,Johnstone,N.,Ambec,S.,Environmental Policy,Innovation and Performance:New Insights on the Porter Hypothesis,*Journal of Economics and ManagementStrategy*,2011(20).

[5] 参见胡建兵、顾新一:《政府环境规制下企业行为研究》,《商业研究》,2006 年第 19 期。

生产地转移,蜕变类企业的环境战略选择则是机会追求型,会投入较多资金进行源头治理,尽可能研发环境友好型产品,选择污染较小的运营方式。[①]

在微观方面,张嫚(2005)借用新古典企业理论的利润最大化决策模型分析了环境规制政策对企业行为的影响,结果表明,当环境因子作为企业的重要投入要素时,环境规制政策能够通过影响生产要素成本而作用于企业利润最大化的决策,进而影响企业管理行为。[②]郑云虹(2008)基于生产者责任的相关理论,研究了生产企业关于废旧产品的回收问题,发现有效的环境规制制度设计,能够激励企业回收废旧产品,减少物质消耗,有效提升资源要素的循环利用率。[③]许松涛、肖序(2011)利用投资支出与透支机会敏感性模型,分析环境规制政策对重污染企业的影响,发现环境规制政策会降低重污染企业的投资效率,抑制其投资支出。[④]杨飞(2017)考量了环保税费政策对企业清洁技术创新的影响,发现环保补贴会激励企业开发利用清洁型生产技术,而环境税则会抑制企业清洁生产技术的革新。[⑤]

环境规制与企业行为的已有研究表明,环境规制政策能够激励企业实施绿色管理行为,改进生产技术,减少污染物排放。但在环境规制的过程中,企业出于自身利润的考量,可能存在逃税、违约、减产或生产地转移等规避环境责任的问题以及寻租腐败等规制俘虏现象。企业对于环境规制政策的遵循程度从根源上取决于环境规制政策的激励程度,而环境规制政策对企业的激励程度则主要取决于环境规制政策强度以及环境规制政策工具属性。因此,为有效激励企业改进生产技术,将绿色发展理念植入企业利润最

① 参见胡元林、陈怡秀:《环境规制对企业行为的影响》,《经济纵横》,2014年第7期。

② 参见张嫚:《环境规制与企业行为间的关联机制研究》,《财经问题研究》,2005年第4期。

③ 参见郑云虹:《延伸生产者责任(EPR)制度下的企业行为研究》,《东北大学》,2008年。

④ 参见许松涛、肖序:《环境规制降低了重污染行业的投资效率吗》,《公共管理学报》,2011年第3期。

⑤ 参见杨飞:《"环境税"环境补贴与清洁技术创新:理论与经验》,《财经论丛》,2017年第8期。

大化的决策中,需要在优化环境规制政策工具的基础上提高环境规制强度。同时,为避免环境规制中寻租腐败现象,需重视规制政策监管制度设计问题,以保障环境规制政策的有效性,促进经济与环境的协调发展。

二、环境规制与市场竞争

市场经济条件下,经济主体的行为活动主要围绕市场机制运转,市场竞争是市场经济的重要特征,在竞争机制的作用下,各个经济行为主体竞相革新技术,改进生产经营管理,提高市场盈利率。微观方面,市场竞争形成了企业发展的动力,激励着各经济主体不断努力,不断前进,以不断增强国民经济增长的生机和活力;宏观方面,市场竞争引导了资源要素持续从低效率生产部门流向高效率生产部门,不断改进资源配置效率,促进产业结构变迁升级。虽然市场竞争有利于推动国民经济的增长,但在资源环境领域,由于外部效应、非竞争性、产权不清、信息不对称等市场失灵问题的存在,"公地悲剧"现象不断上演。因此,为纠正资源环境领域市场失灵可能产生的低效率和不公平问题,就要求政府推行环境规制政策。当政府的"扶持之手"进入资源环境市场时,就会对市场结构、市场规模、市场竞争等产生重要影响。围绕着环境规制政策与市场竞争的关系,学术界进行了诸多探索:

对国外研究而言,不利者说:Pashigian(1984)运用分类面板数据估计了环境规制遵循成本对于市场结构和市场份额的影响,发现环境法规遵循不仅减少了受规制产业的工厂数量,而且相对较大工厂而言,增加了小工厂的负担,在环境规制下,小工厂很难在与大工厂的竞争中求得生存,产业内部市场份额得到重新分配,环境规制提高了劳动资本的使用。[1]Dean,Brown

---

[1] See Pashigian,P.,The effects of environmental regulation on optimal plant size and factor shares,*Journal of Law and Economics*,1984,27(1).

（1995）研究显示虽然环境规制政策会显著增加工业企业的行政成本,但对于老企业而言,环境规制遵循成本仅占其运营成本的一小部分,可以通过扩大产量降低产品边际成本,保持产品市场竞争中的优势地位,且环境规制会提高行业进入壁垒,阻碍新企业的进入,受规制的老企业能够在环境规制政策中获益。[①]Klaasen,McClaughlin(1996)研究了环境规制与市场掠夺行为的关系,发现利益集团会游说环境政策制定者制定对自己有利的政策,以提高竞争对手的运营成本,诱使技术落后、运转低效的竞争对手退出市场。[②]Anthony Heyes(2009)比较了不同环境政策工具(环境税收、交易许可证、延伸生产者责任、绿色标签等)对市场竞争的影响,认为整体而言,环境规制会通过设置进入壁垒、掠夺性歧视、市场兼并等方式破坏市场竞争。[③]

有利者说:Scherer,Ross(1990)研究表明如果市场新进入者能够通过聘请专业顾问或有经验的雇员获取充足的行业知识和技术,环境规制就不会形成市场进入壁垒,反而能够促进经济的增长。[④]Farzin(2003)指出环境规制政策兼具"成本效应"和"需求效应",提升环境规制政策强度,在增加企业成本的同时也增加了优质环保产品的新需求,改变了市场结构,因此更严格的标准将使更多企业处于均衡竞争状态,使市场在更低污染下实现更大的产出。[⑤]

中立者说:Mansur(2005)研究发现环境政策工具的实施会影响企业的战

---

① See Dean T.J.,Brown R.L.,Pollution Regulation as a Barrier to New Firm Entry:Initial Evidence and Implications for Future Research,*Academy of Mangement Journal*,1995,38(1).

② See Klaasen,D.,McClaughlin,C.P.,The impact of environmental management on firm performance,*Management Science*,1996,42(8).

③ See Anthony Heyes,Is environmental regulation bad for competition? A survey,*Journal of Regulatory Economics*,2009,36(1).

④ See Scherer,F. M. & Ross,D.,*Industrial market structure and economic performance*,Houghton and Mifflin Company,1990.

⑤ See Farzin,Y. H.,The effects of emissions standards on industry,*Journal of Regulatory Economics*,2003,24(3).

略决策,企业的战略决策会影响企业的产量和竞争对手的生产决策,进而影响市场中商品的价格竞争和产品差异化竞争,但环境政策对于市场竞争的影响程度主要取决于政策工具的属性。[1]

对国内研究而言,对环境规制政策与市场竞争的研究起步较晚,且关注焦点集中于环境政策强度对企业或地区竞争优势的影响。傅京燕(2002)以为产业市场竞争力取决于运营成本和产品差异化两个方面,虽然短期内资源环境政策遵循成本会弱化一个国家资源密集型产业的国际竞争力,但长期而言,环境规制有利于推动国家贸易增长方式的转型与发展,而且环保低碳性能将成为外贸产品获得国际市场准入和竞争优势的关键。[2]杨振兵、马霞等(2015)研究表明当前环境监管强度的增加能够提高中国工业行业的比较优势,但当规制强度超过一定的水平,行业比较优势可能被削弱,环境规制政策强度与行业竞争优势间存在倒 U 型关系。[3]王孝松、李博等(2015)考察外商直接投资区位选择与资源环境政策强度之间的关系,发现在引资竞争中地方政府会竞相降低环境规制水平以争夺更多的 FDI。[4]郑建明、许晨曦等(2016)研究显示环境规制政策会弱化产品市场竞争对企业研发投入的正向效应,主张减少政府过度干预,重视发挥市场自主性。[5]庞雨蒙(2017)分析表明短期内环境规制直接限制排污量超标企业的生产,关停生产效率较低的火电厂,有助于加速市场优胜劣汰,改进发电行业平均经济效率。[6]

---

①　See Mansur, E. T., Prices versus quantities:Environmental regulation and imperfect competition, *Discussion Paper Yale School of Management*, 2005.

②　参见傅京燕:《环境成本内部化与产业国际竞争力》,《中国工业经济》,2002 年第 6 期。

③　参见杨振兵、马霞、蒲红霞:《环境规制、市场竞争与贸易比较优势——基于中国工业行业面板数据的经验研究》,《国际贸易问题》,2015 年第 3 期。

④　参见王孝松、李博、翟光宇:《引资竞争与地方政府环境规制》,《国际贸易问题》,2015 年第 8 期。

⑤　参见郑建明、许晨曦、李金甜:《环境规制、产品市场竞争与企业研发投入》,《财务研究》,2016 年第 6 期。

⑥　参见庞雨蒙:《环境政策、竞争引入与异质性发电企业效率》,《经济与管理研究》,2017 年第 11 期。

国内外环境规制与市场竞争的已有研究表明,一方面,环境规制政策可能会通过增加企业(尤其是小企业)成本负担、严格市场准入门槛、市场掠夺行为等造成市场歧视,竞争扭曲现象;另一方面,可能会通过加速淘汰产能落后企业、塑造优质环保类新市场需求等优化市场结构和商品结构,提高资源要素投入产出绩效,促进地区经济增长。而环境规制政策对市场竞争的作用方向与程度主要取决于政策工具本身的属性。因此,为了防止环境规制中政府"扶持之手"变为"掠夺之手",依托自身法理权威攫取市场租金,破坏市场竞争效率,需要在厘清各类环境规制政策工具作用机理的基础上尽可能采用多样化的环境政策工具,以增进环境规制政策工具间的优势互补,尽可能地发挥环境规制政策对于市场竞争的正向影响。

三、环境规制与经济增长

规制"公共利益"理论认为作为规制主体的政府部门,是公正地执行社会福利最大化的人(迈克尔·费恩塔克,2014)[①],能够矫正市场经济活动的无效率和不公平,保护公众的利益,提高社会福利的整体水平。但奥尔森的研究表明由少数人组成的利益集团(诸如产业联盟、行业协会等)具有较强的集体行动能力,能够有组织地进行院外游说活动,影响规制结果的公正性(曼瑟·奥尔森,2007)。[②]乔治·斯蒂格勒(George J. Stigler)1971 年运用奥尔森集体行动理论阐释了规制俘虏理论,认为政府规制是为满足产业对规制的需要而产生的,规制机构极易被它所服务的经济行业收买。[③]规制"私人利

---

① 参见[英]迈克·费恩塔克:《规制中的公共利益》,中国人民大学出版社,2014 年,第 405 页。

② 参见[美]曼瑟·奥尔森:《国家的兴衰——经济增长、滞胀和社会僵化》,李增刚译,上海人民出版社,2007 年,第 38~47 页。

③ See George J. Stigler, The Theory of Economic Regulation, *Bell Journal of Economics*, 1971(2).

益"理论强调规制由经济产业谋取,且主要根据其利益来设计和运作,规制结果有利于生产者。环境规制作为政府纠正资源环境市场失灵的重要手段,在经济发展中扮演着日益重要的角色,但在规制实践的过程中,政府是否公正地制定、执行环境规制政策以及最终获取的经济绩效、社会福利如何,发人深思。围绕环境规制政策与经济增长的关系,国内外学者进行了诸多探索。

对国外研究而言,早期研究认为环境规制政策会抑制经济增长。Barbera,McConnell(1986)研究显示20世纪六七年代环境规制造成造纸、化工钢铁等产业0.12%—0.43%的生产率下滑, 抑制了美国制造业经济增长。[①] Franz Wirl(1989)运用均衡模型估量了奥地利环境规制政策对经济的影响,发现环境规制成本约占其货币收入的3%,换言之,只要花费较少部分的经济成本,即可获得环境质量的较大改善,经济得到较好的发展,但在环境政策实践中, 利益集团的游说以及官僚机构低效的秉性会引起规制成本的增加。[②] Kerrie Sadiq,Jade Jones等(1998)分析了环境规制法规对澳大利亚经济的影响,指出在规制法规制定时,企业的合规成本被忽视了,在规制法规实施过程中未能对金属、化学等不同行业的遵循规则做出区分,且排污许可费依生产能力而非实际产量收取,抑制了企业的生产积极性,因此澳大利亚的环保立法增加了其经济增长的成本负担。[③]

20世纪以来,随着环境规制理论的完善,环境规制政策工具的改进以及环境规制政策实践的推进,越来越多的研究表明,资源环境政策强化能够促进经济增长。Domazlicky,Weber(2004)测度了美国三位数产业代码6个化工

---

① See Anthony J. Barbera, Virginia D. McConnell, Effects of Pollution Control on Industry Productivity: A Factor Demand Approach, *Journal of Industrial Economics*, 1986, 35(2).

② See Franz Wirl, Impact of Environmental Regulation on Economic Activity—Austria, *Empirica*, 1989, 16(2).

③ See Kerrie Sadiq, Jade Jones, Dr Julie Walker, Environmental Law and the Economic Impact on Australian Firms, *University of Queensland Law Journal*, 1998, 20(1).

行业 1988—1990 年的效率和生产率变化，结果表明如果不考虑污染产出，将明显高估了产业无效率的水平，虽然环境规制需要成本，但是没有证据显示环境规制成本降低了经济增长绩效。[1] Anjula Gurtoo, S.J. Antony(2007)运用文献回顾的方法分析了环境规制政策对于经济和商业活动的直接和间接效应，认为环境规制政策改变了商业活动结构与模式，推动了循环产业发展。[2] Palivos, Varvarigos(2010)通过构建一个两期世代交叠模型，发现政府环境规制政策对于经济的长期发展至关重要，资源环境整治是经济发展的关键引擎。[3] Kazuhiro Okuma(2012)[4]将社会-经济系统视为一个由经济、人类和环境相互作用组成的有机体，指出经济增长与产量增加和生产率提升相关，经济与环境通过投资、贸易、生产等路径相互联系，共同作用于社会经济的增长，运用卡莱斯基模型(Kaleckian Model)分析了环境政策成本对供给机制和需求机制的影响，发现环境政策能够诱使企业提高资源综合利用率，改进投资成本收益率，推动宏观经济的发展。

国内研究而言，横向维度层面，学者们探讨了环境规制政策对于区域经济增长的影响。谢涓等(2012)构建联立方程模型考量了环境规制政策同经济增长间的关系，发现在欠发达地区，二者无因果关系，在发达地区二者互为因果关系。[5]赵霄伟(2014)运用中国地级市以上城市工业的五年面板数

---

[1] See Domazlicky, Bruce R., William L. Weber. Does environmental protection lead to slower productivity growth in the chemical industry, *Environmental and Resource Economics*, 2004, 28(3).

[2] See Anjula Gurtoo, S.J. Antony. Environmental Regulations Indirect and unintended consequences on economy and business, *Management of Environmental Quality: An International Journal*, 2007, 18(6).

[3] See Palivos T., Varvarigos D., *Pollution Abatement as a Source of Stabilization and Long-Run Growth.*, *Discussion Papers in Economics from Department of Economics*, University of Leicester, 2010.

[4] See Kazuhiro Okuma, An Analytical Framework for the Relationship between Environmental Measures and Economic Growth Based on the Regulation Theory: Key Concepts and a Simple Model, *Evolutionary & Institutional Economics Review*, 2012, 9(1).

[5] 参见谢涓、李玉双、韩峰：《环境规制与经济增长：基于中国省际面板联立方程分析》，《经济经纬》，2012 年第 5 期。

据，构建空间 Durbin 模型探究环境规制政策与工业经济绩效之间的关联性
关系,结果显示提高环境规制政策强度会显著降低区域经济增长速度。[①]黄
清煌和高明(2014)的分析认为强化环境监管在提升经济增长质量的同时,
抑制了经济增长数量的上涨,且东部环境监管政策引发的经济效益优于中
西部地区。[②]纵向维度层面,学者们探讨了环境规制政策对于长期经济增长
的影响。熊艳(2011)[③]、李梦洁(2016)[④]等研究认为环境政策强度与长期经济
增长间存在先抑制后促进的 U 型关系,并且现阶段环境规制政策仍然在抑
制中国经济的增长。张同斌(2017)将环境规制、污染积累与经济增长纳入统
一的理论框架中,分析了不同发展阶段、不同强度环境规制政策的经济影
响,结果表明高强度的环境规制政策能够激发污染性企业的"创新补偿"效
应,弥补短期规管损失,促进经济长期增长,而低强度或较弱的环境规制政
策难以刺激污染性企业技术变革,不利于长期经济增长。[⑤]

此外,少部分学者开始研究不同类型环境规制政策的经济效益,原毅
军、刘柳(2013)[⑥]对 2004—2010 年我国省级面板数据的测度发现费用型环
境规制政策对于经济增长无显著影响,投资型环境规制政策却能够显著促
进经济增长。周茜(2016)从环境经济发展论出发,考察经济发展与生态环境
的内在逻辑联动性,发现严格污染物排放标准、外资准入的生态保护门槛等

---

①　参见赵霄伟:《环境规制、环境规制竞争与地区工业经济增长——基于空间 Durbin 面板模型
的实证分析》,《国际贸易问题》,2014 年第 7 期。

②　参见黄清煌、高明:《环境规制对经济增长的数量和质量效应——基于联立方程的检验》,
《经济学家》,2014 年第 4 期。

③　参见熊艳:《基于省际数据的环境规制与经济增长关系》,《中国人口资源环境》,2011 年第 5 期。

④　参见李梦洁:《环境规制、行业异质性与就业效应—基于工业行业面板数据的经验分析》,
《人口与经济》,2016 年第 1 期。

⑤　参见张同斌:《提高环境规制强度能否"利当前"并"惠长远"》,《财贸经济》,2017 年第 3 期。

⑥　参见原毅军、刘柳:《环境规制与经济增长:基于经济型规制分类研究》,《经济评论》,2013 年第
1 期。

环境政策的推行有助于推动经济的持续增长。①

　　国内外学者的既有研究表明,环境规制对经济增长既有正向效应,也有负向效应,要正确判断环境规制政策对于国民经济增长的最终效应,需要综合考察各类环境规制政策的经济绩效。但已有研究尤其是国内研究,多是将研究的焦点聚焦于高速增长的规制成本费用以及规制强度对于经济业绩带来的影响,且用以衡量规制成本费用或规制强度的指标较为单一,未能对不同类型环境规制政策对经济增长的潜在效应进行区分,缺乏对环境规制影响经济增长微观机理的深入探究。因此,为更好地评估环境规制政策与经济增长的关系,探索经济增长与环境保护相容的均衡发展路径,需要在明晰环境规制政策影响经济增长机理的基础上,分类别检验不同环境规制政策对于经济增长微观指标的具体化影响。

第三节　文献述评

　　在人类历史发展的长河中,人类的所作所为,好像对于环境一无所知,对于它的预知性完全不懂,而以藐视的和无情的眼光看待它,好像它是一个特别和极端愚蠢的奴隶(戈德史密斯,1987)。② 20 世纪六七十年代以来,随着世界性环境危机问题的加剧以及人类生态环保意识的觉醒,围绕环境与经济增长的关系,多领域学者展开了激烈的讨论。资源环境问题究竟是社会经济增长的限制还是促进社会发展转型的动力,经济增长是造成资源环境退化的罪魁祸首抑或改善资源环境质量的灵丹妙药,不仅受到经济学家的关注,也是政治学家关心的问题。

---

① 参见周茜:《环境因子约束经济增长的理论机理与启示》,《东南学术》,2016 年第 1 期。
② 参见[英]E.戈德史密斯:《生存的蓝图》,程福祜译,中国环境科学出版社,1987 年,第 5 页。

关于资源环境与经济增长关系的经济学文献在 20 世纪六七十年代的研究主要集中于自然资源耗竭这一约束条件下，经济增长是否存在极限问题，从马尔萨斯的"人口论"、李嘉图递增的差额地租定律到罗马俱乐部"增长的极限理论"、里夫金的"熵世界观"理论，经济增长资源制约理论的发展阐释了经济活动中所生产的物品与所利用的资源数量的物质变量必须调整以适合由非物质参数决定的均衡。(赫尔曼·戴利，2001)[①]物质的定量规模是给定的东西(即自然资源是有限的)，而非物质的定性生活方式是可变的量，为维系非物质参数与物质生态系统的均衡，人类需要规范其经济行为与增长方式，以保护和改善资源环境。而经济行为的优化，资源环境的改善需要耗费一定的规制成本，规制成本的消耗是否会抑制经济的增长引发学术界的思考。绿色索洛增长模型从理论层面阐释了环境污染治理不仅不会阻碍经济增长，而且有益于经济的持续增长。可持续发展理论研究的推进，开始赋予人们"以高品质的发展观取代纯数量的增长观"，有助于推动人类社会在保护生态环境，增进自然资源存量的前提下，不断提升社会经济发展的净效益。综合国内外学者对经济增长的资源制约理论、绿色索洛增长模型与可持续发展理论的研究可知，人类经济活动范围存在着生态边界，在有限资源环境的约束下，为实现经济的持续增长，社会福利水平的稳步提高，人类需要转变发展观念，变过去单纯强调物质资本投入的技术理性发展观为强调资源分配优先次序与资源配置效率的生态理性发展观。而以保护环境，推进环境与经济协调发展为目标的环境规制，则提供了人类将可持续发展观念转化为社会现实的重要践行路径。

随着环保主义思潮的兴起以及环境规制政策实践的推进，国内外学者围绕着环境规制政策与企业行为、市场竞争和经济增长的关系进行了诸多

---

① 参见[美]赫尔曼·E.戴利：《超越增长——可持续发展的经济学》，诸大建、胡圣等译，上海译文出版社，2001 年，第 5~6 页。

探讨。环境规制与企业行为的已有研究表明,环境规制政策能够激励企业更新管理理念,改进生产技术,减少污染物的排放,但在规制实践的过程中,企业出于自身利润的考量,可能存在逃税、违约、减产或生产地转移等规避环境责任的问题以及寻租腐败等规制俘虏现象。环境规制与市场竞争的已有研究表明,环境规制一方面,可能会通过增加企业(尤其是小企业)成本负担、严格市场准入门槛、市场掠夺行为等造成市场歧视,竞争扭曲现象;另一方面,可能会通过加速淘汰产能落后企业、塑造优质环保类新市场需求等优化市场结构和商品结构,提升经济运转绩效。环境规制与经济发展关系的已有研究表明,环境规制政策对经济增长的影响,既具有区域性,也具有时期性,同时不同质的规制工具亦会产生不同的规制效应。

综观学术界对环境规制政策与经济增长的已有研究可知,环境规制政策一方面会通过影响经济活动的主要参与者[微观经济主体(企业、消费者)]的行为作用于经济的增长;另一方面会通过影响经济活动的场域与规则(市场结构、市场规模、市场竞争)作用于经济的增长。而且,环境规制政策的经济效应既有地域空间上的区别,也有长短期时间上的区别。显然,学术界研究已证明环境规制政策与经济增长密切相关,环境规制政策的本质就是如何在经济发展中处理好环境与经济的关系,以保障既定产出基础上资源损耗和环境破坏的最低化。但对于环境规制政策作用于经济增长的方向与力度方面,不同学者的研究结果间存在较大差异。究其原因,在于政府环境规制是一项复杂的社会系统工程,不同的规制政策会通过不同路径作用于经济增长的不同方面,很难用单一理论学说阐释出环境规制影响经济增长的复杂机制。

因此,既需要在厘清环境规制政策影响经济增长机理生成逻辑的基础上,综合不同学科对环境规制政策影响经济增长机理的理论解释,以深入剖析不同类型环境规制政策对经济增长的影响;又需要围绕"成本遵循说""波特假说""污染天堂假说""环境库兹涅茨曲线假说"等不同学说,阐释环境规制政策作用于经济增长的不同路径,以期从更为立体,科学的角度评估中国环境规制政策对于经济增长的影响。

第三章　环境规制政策影响经济增长机理的生成逻辑

2011 年以来，中国经济增速波动下行，国家统计局数据显示，2011—2017 年，中国国内生产总值增速由 9.3% 下降至 6.9%，告别过去三十多年平均两位数的高速增长阶段，中国经济进入中高速发展的新常态。[①] 当前中国经济增长放缓的原因在于，改革开放以来粗放型经济发展模式下积累的不平衡不充分问题日渐凸显，主要表现为供给侧和需求侧不平衡、经济发展脱实向虚、要素投入产出效率低下、动力转换不足以及制度创新不充分等。因此，新时代，为破解经济发展困局，推动国民经济的高质量发展，国家开始推进以供给侧结构性改革为主线的经济社会体制改革，努力建设更好发挥市场机制作用的现代化经济体系。为科学践行党中央的五大发展理念，有效推进国民经济体制改革，提升经济发展质量，旨在促进人类经济社会可持续发展，以绿色环保集约型生产替代高污染高消耗粗放型生产的环境规制成为

[①] 参见《经济发展进入新常态：正从高速增长转向中高速增长》，http://china.cnr.cn/NewsFeeds/201412/t20141211_517082729.shtml.2014-12-11/2018-03-01。

必然选择。为更好地发挥环境规制在全面深化经济体制改革中的作用,2016年环境保护部(2018年撤销,组建生态环境部)发布了《关于积极发挥环境保护作用促进供给侧结构性改革的指导意见》,要求环保部门必须强化环境约束,严格环境准入,加大生态文明建设和环境保护力度,积极促进经济结构转型与升级,提高经济发展质量和效益。

经济增长和环境保护是与社会发展休戚相关的两个方面,公共政策实践对任意一方的偏颇都将引发诸多社会问题,环境规制过多或环境规制不足均不利于经济社会的持续性发展(周茜,2016)。[①]在推动区域经济创新发展与稳定增长的过程中,各地区环境规制政策实践既不能脱离党中央宏观政策部署,亦不能脱离地区发展实情。党的十九大指出当前中国社会主要矛盾转化为人民日益增长的美好生活需要和不平衡不充分的发展之间的矛盾,并指明社会主义现代化是人与自然和谐共生的现代化,既要创造更多物质财富和精神财富满足人民日益增长的美好生活需要,也要提供更多优质绿色产品满足人民日益增长的优美生态环境需要。因此,为适应当前社会主要矛盾变化,探索经济与环境相容的均衡发展机制,亟须厘清环境规制政策影响经济增长的生成逻辑,以尽快优化政府环境规制,在发展绿色产业结构、生产方式、生活方式,满足人民日益增长的美好生活需要的同时还自然以宁静、和谐、美丽。

第一节　环境规制政策
影响经济增长机理的内在激励

生产是人与自然的相互作用,资源环境是推动生产发展、经济增长的重

---

① 参见周茜:《环境因子约束经济增长的理论机理与启示》,《东南学术》,2016年第1期。

要因素,但效果如何取决于资源要素的配置,而资源配置效率主要由市场功能决定。原则上,自由市场行为可以促进资源有效流动与配置,但资源环境领域中,外部效应、产权不清、非竞争性以及信息不对称等市场失灵现象普遍存在,抑制了市场高效配置资源功能的发挥。尽管市场本身无法有效配置资源,但是政府能够凭借有选择性的制度安排调节市场主体的行为,增进资源配置的效率。环境规制政策正是以纠正市场失灵,增进资源有效配置为出发点的。一言以蔽之,资源环境价值属性决定了经济持续增长有赖于资源要素高效配置,而资源要素配置效率取决于资源环境市场功能,但资源环境领域市场失灵造成资源要素配置偏离帕累托最优状态。为弥补市场失灵,改进资源投入产出绩效,环境规制政策应运而生。因此,本书选择从资源环境效益价值、经济发展对于环境的依赖、环境规制市场需求三方面阐释环境规制政策影响经济增长机理的内在激励。

一、资源环境的效益价值

劳动价值论认为,判断资源环境价值的关键在于其是否凝结着人类劳动。如果资源环境"本身不是人类社会的劳动产品,它就不会将任何价值转给产品,诸如土地、水体、矿藏、森林等天然存在的生产资料,都不具有价值"①。效用价值论基于物品满足人类需求的能力以及人对物品功用的心理评价层面阐释价值及其形成过程,认为价值以稀缺和效用为条件。根据效用价值理论,资源环境满足既短缺又有用的条件具有价值,一方面,资源环境可以满足人类生产生活需求,具有效用性;另一方面,随社会扩张性发展,人与自然的矛盾日益尖锐,资源环境稀缺性日渐凸显。基于存在价值论的环境价值观

---

① 《马克思恩格斯全集》(第23卷),人民出版社,1972年,第230页。

则将环境价值分为使用价值和非使用价值，强调资源环境的非使用价值是客观存在的，能够满足人类精神文化和道德需求。克鲁蒂拉（John V. Krutilla）和费舍尔（Anthony C.Fisher）认为资源环境具有美学价值、娱乐价值，并且基于同情、期权及未来可用遗传信息等动机，对于奇特景观或特有的、脆弱的生态系统的保护和存在是有价值的。[①]

A.迈里克·弗里曼（A.Myrick Freeman Ⅲ）指出："经济活动的目的是为了增加社会成员的福利。社会成员的福利不仅取决于其消费的私人物品以及政府提供的物品和服务，而且取决于从资源环境中获取的非市场性物品和服务的数量与质量，如健康、视觉享受、户外娱乐的机会等。对环境经济价值评估并不排除人对其他物种的关心。人类赋予环境以存在价值，不仅是因为人类可以利用它们，还因为人类具有利他精神和伦理关怀。"[②]因此，资源环境价值应包含使用价值、选择价值和存在价值三个主要组成部分。其中，使用价值反映着资源环境被开发利用时满足使用者需要的功能，可分为直接使用价值（直接用于生产消费的资源要素）与间接使用价值（资源的生态功能效益，如保持水土、调节气候等）；选择价值，是指为避免未来资源环境短缺风险而保护未使用资源环境的期权价值，反映人们为未来能够使用的环境赋予的价值（生物多样性、基因资源等）；存在价值，反映人愿意为改善或保护那些永不使用的资源环境付费（濒危物种、生存栖息地等）。

二、经济发展的环境依赖

经济是一个复杂的组织系统，组织商品生产，提供服务以及对商品和服

---

① 参见[美]克鲁蒂拉、费舍尔：《自然环境经济学——商品性和舒适性资源价值研究》，汤川龙、王增东等译，中国展望出版社，1989年，第6~19页。

② [美]A.迈里克·弗里曼：《环境与资源价值评估——理论与方法》，曾贤刚译，中国人民大学出版社，2002年，第60页。

务进行分配,不可避免地会与一些自然系统(大气圈、岩石圈、水圈、生物圈等)以及社会系统(指导、限制和促进人们之间相互关系的法规、习俗、传统、各种社会组织和社会联系)发生关系。但传统经济系统模型执着于研究经济增长问题,没有考虑资源环境的经济效应。17世纪末、18世纪初,经济学家们开始意识到环境对污染的有限承载力及自然资源有限供给对经济增长的制约作用。威廉·配第(William Petty)首先意识到自然资源将制约人类创造财富的能力,指出"劳动是财富之父,土地是财富之母",阐释了劳动和土地共同创造财富,这预示着人类将环境纳入经济范畴意识的开端。

从经济运行过程而言,经济包含生产与消费两个部门。生产部门开采和获取自然资源,并将其和资本、劳动结合起来,通过利用知识与技术(人类的生产技能),生产商品和提供服务。消费部门是人们或以个人形式,或以集体形式,把生产部门生产的产品和时间结合起来,通过消费过程,维持生命和获得满足。生产和消费过程是物质能量转化的过程,而不是创造和消灭的过程,会受到自然资源阀域和物质能量守恒规律的约束(阿兰·兰德尔,1989)。[①]经济增长存在着生态边界,在一定时期内,经济系统从自然生态系统获取的要素支持会受限于自然生态系统的有限供给能力。从经济系统输入输出而言,一方面,自然资源是经济活动的一种重要投入,供给了增长过程;另一方面,自然环境是经济活动废物的接收器,通过自身的扩散、同化、自净等机能,对生产消费的废物进行了部分分解、吸收与再循环,降低了人工处理废物的经济成本。同时,环境承载能力存在生态阈值,超出生态阈值的污染物会在环境中积累,造成环境质量下降,环境资产贬值。因此,资源环境是市场经济活动的基础,经济健康运行有赖于资源环境的支持,离开自然生态系统资源要

---

① 参见[美]阿兰·兰德尔:《资源经济学——从经济角度对自然资源和环境政策的探讨》,施以正译,商务印书馆,1989年,第21~22页。

素支持以及循环再生能力,经济系统可能面临崩溃。[①]

三、环境规制的市场需求

在一个完全竞争的市场,每种商品和资源有产权主体和价格,代理人可以获取充分信息,生产技术和消费技术的特点在于不存在不可分性和规模效应,换言之,不存在生产和消费的非凸性。[②]供给需求通过价格的自由波动实现资源在不同场域间和不同时间上的优化配置。然而在涉及自然资源和生态环境的很多情况下,市场机制是不完善的,甚至是不存在的。导致市场失灵的原因主要有:

(1)外部效应,资源环境市场中生产或消费的非市场副作用,在缺乏经济交易的情况下,个人(厂商)的消费(生产)行为影响到其他消费者(厂商)的效用(生产)函数,导致资源配置帕累托最优的条件无法成立。

(2)产权不清晰,产权是用来界定经济活动中人们如何受益,如何受损,以及相互之间如何补偿的权利束,[③]但环境产权客体具有公共物品性,且属性复杂,使得环境产权初始界定往往不完善、不明晰,极易引发资源的过度消耗与浪费。

(3)公共物品属性,诸如水、空气、土壤等资源环境资产的消费通常兼具非竞争性与非排他性,非竞争性意味着多向一个人提供该公共品的边际社会成本为零,依据帕累托效率,应免费提供,但图利厂商不会做亏本生意;非排他性意味着排斥他人消费环境公共品的成本高昂,"搭便车"的人会隐瞒

---

① 参见李克国、魏国印、张宝安:《环境经济学》,中国环境出版社,2003年,第46页。

② 参见[瑞典]托马斯·思德纳:《环境与自然资源管理的政策工具》,张蔚文、黄祖辉译,上海人民出版社,2005年,第29页.

③ 参见[美]罗纳德·H.科斯:《财产权利与制度变迁——产权学派与新制度学派译文集》,刘守英等译,上海人民出版社,2014年。

自身的真正偏好，使得市场对于环境公共品的供给规模难以达到社会实际所要的水平。

（4）不对称信息，一个竞争性市场要运作良好，买方必须掌握充分的信息，对相互竞争的产品加以评估，以明确可供选择产品的范围以及所面对各种购买选择的特性。①但信息收集成本较高，使得资源环境市场中存在大量信息不对称问题，极易诱发逆向选择与道德风险问题，造成资源要素的错置及生态环境的恶化。

外部效应、产权不明晰、公共物品、不完全信息等市场失灵问题大量存在，造成生产和消费的非凸性，市场无法实现资源配置的帕累托最优，市场机制失灵迫切要求政府机制介入。通过消除或缓和市场失灵，环境规制提供了提高经济效率的可能性（罗杰·伯曼，2002）。②首先，以环境税费为代表的规制政策安排能够为消费者和生产者提供刺激，使他们改变行为方式，将无法在市场交易中自动反映的外部性内部化。其次，以环境产权、环境法规为代表的规制制度安排有助于明确环境产权主体及其权益，降低资源交易成本与摩擦。最后，用者付费、信息披露等环境规制政策的实施则是解决环境领域拥挤、搭便车、道德风险、逆向选择等问题的有益尝试。

第二节　环境规制政策影响经济增长机理的外在约束

政策制定是"真实时间"中动态博弈的政治过程，由于实际的行动会引

---

① 参见[美]史蒂芬·布雷耶：《规制及其改革》，李洪雷、宋华琳、苏苗罕等译，北京大学出版社，2008年，第40~41页。

② 参见[英]罗杰·伯曼、马越、詹姆斯·麦吉利夫雷、迈克尔·科蒙：《自然资源与环境经济学》，侯元兆译，中国经济出版社，2002年，第162页。

发资源和目标的同时变化,政策总是处于不断的变化之中。[①]政策选择是内生的,是既定制度内公民投票者与政策决策者互动的产物,环境规制政策并非独立而生,而是与特定宏观经济背景、资源环境问题、环境保护与经济发展的理念、立法体系、政策交易成本、政策工具选择等内容紧密相连。换言之,政策是特定情境的产物,政策效用发挥受制于外在环境、交易成本、工具属性等约束。尽管资源环境经济价值与资源环境市场失灵赋予了环境规制政策影响经济增长的内在激励,但环境规制政策的经济效益同样会受到特定的中国情境、交易成本、政策工具等的外在约束。

一、环境规制政策的中国情境

改革开放四十余年来,中国经济建设奇迹的背后,蕴藏着经济发展质量与效益不高的巨大风险,经济发展中的体制和机制性障碍、结构和周期性问题日益凸显,尤其是长期粗放型的增长方式,使得中国经济的结构性矛盾异常突出,资源环境承载的压力日渐逼近临界阈值。[②] 2011 年以来,中国经济增速回落的背后,是产业结构、增长动力和经济体系的系统转换,是发展阶段的转换。[③]为有效缓经济发展中的结构性张力和冲突,国家开始深入推进供给侧结构性改革,转换经济发展动力,努力提升经济运行绩效。考虑到资源环境要素的刚性稀缺对宏观经济影响的全面性和复杂性,需将资源环境作为供给侧改革的核心要素。[④]于是,国家环保部门 2016 年下达了《关于积

[①]　See Majone G., Wildavsky A., *Implementation as Evolution in Howard Freeman (Ed.), Policy Studies Annual Review*, Sage Publications, 1978(2).

[②]　参见吴福象:《论供给侧结构性改革与中国经济转型——基于我国经济发展质量和效益现状与问题的思考》,《学术前沿》,2017 年第 1 期。

[③]　参见吴福象、段巍:《国际产能合作与重塑中国经济地理》,《中国社会科学》,2017 年第 2 期。

[④]　参见李璇:《供给侧改革背景下环境规制的最优跨期决策研究》,《科学学与科学技术管理》2017 年第 1 期。

极发挥环境保护作用促进供给侧结构性改革的指导意见》,要求各级政府部门从强化环境约束、严格环境标准、深化生态监管改革等方面充分发挥环境规制政策在"去产能、降成本、补短板"等经济工作中的积极作用。因此,强化环境规制政策,实现市场供给或社会生产的绿色化,是推动宏观经济领域供给侧改革的题中之义。

在顶层架构方面,为适应社会经济发展的新阶段,中央政府在治国理政新的实践中,顺应时代发展新趋势,围绕社会建设新矛盾,满足人民生活新需求,形成了一系列新理念、新思想以及新战略。[①]从确立"两个一百年"奋斗目标到提出"共筑中国梦",从把握经济发展新常态到努力践行五大发展理念,从推进"一带一路"建设到构建"人类命运共同体",从打好脱贫攻坚战到建设现代化经济体系⋯⋯蕴藏鲜明时代内涵的中国特色社会主义治国理政总体方略与时俱进、不断发展。[②]在治国理政的新理念新战略中,环境保护、生态文明、绿色发展、美丽中国等环境战略被放在重要位置,国家主席习近平多次强调,绿水青山就是金山银山,像对待生命一样对待生态环境,坚持"人与自然和谐共生"基本方略,倡导绿色发展方式和生活方式,共建山清水秀、生态良好的地球家园。在地方治理实践中,政府在推进节能减排,发展绿色产业,强化改善环境质量的责任,将环境纳入政府绩效考核体系,对官员任期内的环境损害进行终身追究的同时,探索建立了环境保护联席会议制度、河长制、林长制等富具中国特色的可持续发展道路。当前中国顶层架构中绿色发展执政理念为发挥环境规制政策对经济增长的促进作用提供了科学的思想指引和行动指南,地方政府生态建设特色实践则为优化环境规制,促进经济与环境的协调发展提供了可行的政策借鉴和行动路径。

---

① 参见韩庆祥:《党中央治国理政新理念新思想新战略形成的时代背景》,《人民日报》,2016年6月1日。

② 参见陈鸿燕:《党的十八大以来党中央治国理政纪实》,《人民日报》,2016年1月4日。

二、环境规制政策的交易成本

阿维纳什·迪克西特（Avinash K. Dixit）基于交易成本经济学范式研究提出了交易成本政治学范式研究，指出政治过程是一个在真实时间中发生的、受历史控制与约束的过程，公共政策制定过程是多方达成政治交易合约的过程，政策参与者的有限理性、信息不对称、资产专用性等问题会产生政策交易成本。[①]埃里克·弗里博顿（Eirik G. Furubotn）和鲁道夫·芮切特（Rudolf Richter）指出，经济决策者在经济中任意部门开展任意活动，都会产生正的交易费用。[②]环境规制政策作为公共政策的重要组成部分，在政策制定和政策运行的过程中同样存在诸多交易成本（费用），并且这类"交易成本"往往成为环境规制实践中的摩擦力，抑制环境规制政策经济效用的发挥。

具体而言，政府环境规制政策作为一种契约式制度安排，在矫正市场失灵的同时可能在宏观层面上引发如下交易成本：一是信息成本，环境规制政策制定过程中，企业出于自身利益考虑将设法隐瞒真实运营信息，政策决策主体需要花费一定的时间、金钱、人力用于信息的收集、加工、分析、利用、转换、传递等；二是谈判成本，环境规制政策制定过程是多个利益相关者共同试图影响政策决策主体的行为，参与者之间存在利益冲突，需要通过谈判就政策达成共识，环境规制政策的谈判成本就是利益相关者之间讨价还价、利益博弈的交易成本；[③]三是代理成本，环境规制中存在多层委托代理关系，政

① 参见[美]阿维那什·迪克西特：《经济政策的制定：交易成本政治学的视角》，刘元春译，中国人民大学出版社，2004年，第14~42页。
② 参见[美]埃里克·弗里博顿、[德]鲁道夫·芮切特：《新制度经济学：一个交易费用分析方式》，姜建强、罗长远译，上海三联书店，2005年，第54~55页。
③ 参见黄新华：《政治过程、交易成本与治理机制——政策制定过程的交易成本分析理论》，《厦门大学学报》(哲学社会科学版)，2012年第1期。

策制定过程中，作为代理人的立法机构比作为委托人的选民拥有更多信息优势，政策实施过程中，作为代理人的规制机构比作为委托人的立法机构拥有更多信息优势，信息不对称加大了代理人为谋取自身利益而行动的可能性，为限制代理人的行为偏差，委托人应支付一定监管费用或者提供足够经济剩余或租金激励代理人公开信息；四是运转成本，由于机会主义的存在，达成一致的环境规制政策合同并不能够自动执行，需要投入大量制度和组织成本用于构建相应的环境规制法律框架、管理组织、司法体制等以保障环境规制政策的正常运转。

三、环境规制政策的工具选择

政策工具是政府部门赖以推行公共政策的手段或方法，是实现公共目标的支配机制或技术。[1]政策工具类型多种多样，政府制定公共政策的任务就是选择一种或一组最适合的政策工具，将善治目标转为治理行为，将政策理想转为政策现实。[2]环境规制政策工具是以推进资源环境持续发展为目标的规制技术或手段。在资源环境管理领域，政府拥有多种可供选择的政策工具，每一类环境规制政策工具的性质都大不相同，在作用机理、使用情景、实施成本、激励相容、效率效果等方面存在很大差异。[3]对于环境规制决策主体而言，能否从复杂的环境政策工具箱中选择最合情境的规管工具，将在很大程度上决定着环境规制政策的实践绩效。

---

① See Howlett, Michael, Policy Instruments, Policy Styles and Policy Implementation: National Approaches to Theories of Instrument Choice, *Policy Studies Journal*, 1991, 19(1).

② 参见陈振明、薛澜：《中国公共管理理论研究的重点领域和主题》，《中国社会科学》，2007年第3期。

③ 参见于潇：《环境规制政策的作用机理与变迁实践分析——基于1978—2016年环境规制政策演进的考察》，《中国科技论坛》，2017年第12期。

就理想状态而言,政府工具的成功应用,体现为工具理性与制度理性的融入与贯通,实现和谐统一……在这个过程中,公共服务得到有效提供、公共价值得到实现、公共组织表现出较高的公共生产力。[①]改革开放以来,为应对日益严峻的资源环境问题,中国正努力建构经济激励型、行政督察型、立法监控型以及社会参与型"四维一体"的综合性环境规制政策工具体系。但根据耶鲁大学发布的《2018 年环境绩效指数报告》,在 180 个国家(地区)环境绩效指数排名中,中国以 50.74 的得分位居第 120 位,说明中国环境规制政策生产力相对较低,环境规制政策实践与政策目标间存在较大差距,政府环境规制能力亟须增强。就中国环境规制政策工具现状而言,经济激励型工具类型单一、行政督察系统运转僵化、立法监控型法规威慑不足、社会参与型力量薄弱以及环境政策工具本土化水平低等均会对环境政策实践形成一种外在约束,阻碍经济社会绿色发展目标的实现。

第三节　环境规制政策
影响经济增长机理的中介效应

托马斯·R.戴伊(Thomas R. Dye)指出,公共政策是对社会价值的权威性分配,利益集团的活动主宰着政策制定的过程,公共政策是多个利益集体博弈均衡的结果。[②]丹尼尔·W.布罗姆利(Daniel W. Bromley)认为公共政策是约束、解放和扩展个体行动的集体行为, 公共政策的目标是为了改变经济制

---

① 参见陈振明:《政府工具导论》,北京大学出版社,2009 年,第 323 页。

② [美]托马斯·R.戴伊:《自上而下的政策制定》,鞠方安、吴忧译,中国人民大学出版社,2002年,第 3~5 页。

度,而政策的结果便是新的(不同的)经济制度。[1]因此,在环境规制政策制定和实施的过程中,一方面分利集团会围绕环境规制政策的选择与调整展开博弈,影响国家的政治效率和经济效率;另一方面环境规制政策试验与变迁也推动着社会经济制度的改革与变迁,影响着经济主体的利益关系和行为选择。

一、利益主体的政策博弈

利益是个人或组织通过自己的关系,不断亲身实践去满足自身需求得到的东西,它是每个个人和组织发生行为的根源和最终目的。[2]政策多元主义模型认为公共政策是一项复杂的相互协议过程的产物,协议过程是试图在关心某问题且相互竞争的利益主体之间取得妥协,个体可以透过选举出的政治代表来左右公共政策。后现代公共行政理论同样将公共政策制定和修订视为公共能量场中各种话语(公共行政人员、立法人员、政策智库、产业联盟、公益组织、公民个体等)进行对抗性交流的过程,具有不同意向性的政策话语在某一重复性的实践(公共事务治理)的语境中为获取意义(合法性)而斗争的过程。[3]因此,环境规制政策制定与实施过程亦是存在利益冲突的环境利益主体之间相互博弈的过程,在这一过程中,不同利益主体会努力利用自身资本(权力、金钱、选票等)谋求自身利益的最大化。尽管环境规制政策的理性目标是政府努力引导污染者采取社会期望的行动,在保护环境的同时促进产业经济增长。但环境规制政策理性目标的达成与否会受到规制

---

① 参见[美]丹尼尔·W.布罗姆利:《充分理由:能动的实用主义和经济制度的含义》,简练、杨希、钟宁桦等译,上海人民出版社,2008年,第24页。

② 参见贾兴平、刘益、廖勇海:《利益相关者压力、企业社会责任与企业价值》,《管理学报》,2016年第2期。

③ 参见[美]查尔斯·J.福克斯、休·T.米勒:《后现代公共行政:话语指向》,楚艳红、曹沁颖、吴巧林译,中国人民大学出版社,2013年,第126页。

政策覆盖范围与严厉性的约束,如果规制不足,则达不到环境治理的效果;反之,规制过度又会使社会福利减少,不利于经济发展。而环境规制政策覆盖范围的大小,严厉性的高低在很大程度上取决于不同利益主体间政策博弈的结果。

在环境规制政策实践中,核心利益主体包含政府部门、营利企业和社会公众。政府成员追求效用的极大化,寻求竞选连任或者晋升高职位的政治任务,亦在寻求足以使其能获得选票的公共政策。政府成员对于环境规制政策的立场取决于赞成规制与反对规制团体在选区(或预期选区)相对的势力。为提高所得、财富与权力,政府官员倾向于较严格的环境管制政策(Paul B., Downing,1984)。[1]企业目标在于以尽可能低的成本谋取较高的利润,短期内环境规制政策会显著降低企业资本的回报率,当企业寻租成本低于环境治理成本时,企业会游说政府部门放松环境规制。当地方政府考虑到地方GDP(国内生产总值)、就业、税收等对企业(尤其是大企业)发展的依赖时,作为规制主体的环保部门就容易被它所规制的企业俘获。环境规制俘获将造成环境规制政策失效,使地方经济发展偏离绿色增长方向。就中国而言,地方政府推动经济增长的"中国模式"是环境规制俘获形成的基础。[2]公众追求的目标是清洁的空气,安全的饮用水质,可持续性的人居环境。政治上的有效性决定于金钱和选票。公众团体可能缺乏金钱,但拥有较多的选票。(Paul B. Downing,1984)[3]公众既可以通过自身购买行为(购买、抵制)对企业施加压力,促使企业履行环保责任,进行绿色生产,又可以利用有组织的环保团体活动压缩政府与企业寻租合谋空间以倒逼经济绿色增长。[4]

---

[1][3]　See Paul B., *Downing, Environmental Economics and Policy*, Little, Brown and Company, 1984, pp.121–142.

[2]　参见范玉波:《环境规制的产业结构效应:历史逻辑与实证》,山东大学博士学位论文,2016年。

[4]　See Darnall N., Henriques I., Sadorsky P., Adopting proactive environmental strategy: The influence of stakeholders and firm size, *Journal of Management Studies*, 2010, 47(6).

二、环境规制的制度变迁

制度,是一种涉及社会、政治和经济行为的规则,用来规范人类行为活动①,抑制人际交往中的任意行为和机会主义行为②。制度通过制定财产权和合同效力等规则,构造了人们在政治、经济、社会等方面发生交换的激励结构,影响或改变人的偏好和理性计算,造成个体行为和效率差异,进而影响经济运行结果与绩效。③激励是制度规则的结果,这些制度规则用于奖励和约束各种行为活动的收益和成本。④20世纪70年代中期以来,以罗纳德·科斯(Ronald Coase)为代表的新制度经济学派强调了制度因素对经济增长的重要性,认为任何经济增长过程均是在既定制度环境和制度安排下进行的,制度设计的优良与否是经济增长的关键,只有当制度提供了有效的激励,经济增长才能得以持续。从新制度经济学角度可以将环境规制政策视为关于个体和集体在资源环境领域选择的制度安排结构。⑤环境规制政策是经济制度供给的重要途径之一(主要体现于有形的环境法令和规则的制定方面),其形成与发展会推动经济制度的形成与发展,影响经济增长速度和增长方式。具体而言,环境规制政策对经济制度变迁的积极影响,主要表现为:

---

① 参见[美]R.科斯、A.阿尔钦、D.诺斯等:《财产权利与制度变迁》,胡庄君、陈剑波等译,上海三联书店、上海人民出版社,1994年,第253页。

② 参见[德]柯武钢、史曼飞:《制度经济学:社会秩序和公共政策》,韩朝华译,商务印书馆,2000年,第23页。

③ 参见[美]道格拉斯·C.诺斯:《经济史中的结构与变迁》,陈郁、罗华平译,上海三联书店、上海人民出版社,1994年,第226页。

④ 参见[美]埃莉诺·奥斯特罗姆、拉里·施罗德、苏珊·温:《制度激励与可持续发展——基础设施政策透视》,毛寿龙译,上海三联书店,2000年,第52页。

⑤ 参见[美]丹尼尔·W.布罗姆利:《经济利益和经济制度——公共政策的理论基础》,陈郁等译,上海三联出版社、上海人民出版社,1996年,第292页。

一是良性环境经济制度的建立与完善需依靠环境规制政策的持续试行得以实现。中国推行"分阶段、分步走、摸着石头过河"的渐进式改革模式,在此模式下,旧经济体制尚未破除,新经济体制尚未建立,环境经济制度的重塑与修正有赖于环境规制政策试验的设计与推进。

二是环境规制政策运行能够压缩制度变迁的进程。作为一般政策的组成部分,环境规制政策包含一系列法规、标准、指令、条例等,要求被规制者服从、遵守。在政治经济系统内部,通过环境规制政策的统一部署和分级分步实施,首先作用于内部正式的经济制度体系,继而蔓延至外部非正式的经济制度结构,有助于减少经济制度变迁的时间和成本。

三是环境规制政策的实践与变迁能够为新经济制度供给提供内在动力。环境规制政策在推动传统制造业改造升级的同时,亦引导着新能源、低碳环保、环境服务等新兴产业的发展,开辟出新的经济增长点,增加了环境经济制度供给者的收益,进而提供了制度变迁的内在动力。

总之,经济增长既取决于资源环境投入的数量和质量,又取决于决定资源环境利用方式和配置效率的制度安排,有效率的制度安排是经济增长的关键。环境规制政策实践与变迁能够通过发挥促进经济制度实现由汲取性制度向包容性制度转变的中介效应,推动经济持续性、包容性增长。

第四节　本章小结

改革开放以来,日渐严峻的生态环境污染、资源能源紧缺问题表明粗放型攫取式经济发展道路已经走不通了,唯有通过供给或生产的绿色化,才能在确保资源环境持续满足人类发展需求的同时,不断增进资源要素的配置效率,提升区域经济发展绩效。①转变经济发展方式,走循环经济、低碳发展、绿色增长的生态文明道路,内在要求政府部门加大环境保护力度,严守生态红线,严格环境准入,淘汰落后产能,推动人与自然和谐共生。换言之,优化环境规制政策,推进供给侧绿色改革成为新时代下中国经济健康、持续增长的必然选择。环境规制政策影响经济增长机理的内在激励,表明环境规制政策的经济效益源于资源环境效益价值属性以及经济持续增长对于资源环境的依赖性,而环境规制政策本身内生于资源环境领域的外部性、产权不明晰、非竞争性市场、不完全信息等市场失灵。为避免环境资产的不当贬值,更好地服务于经济发展,需要借助环境税费、环境产权、环境法规、信息公开等规制政策提高资源能源综合利用率,推动生产与消费的绿色化,打好蓝天碧水保卫战。环境规制政策影响经济增长机理的外在约束,表明当前供给侧结构性改革、绿色发展理念和生态建设特色实践为优化环境规制,转变经济增长方式提供了良好的政治生态环境,但政策的交易成本和工具选择会抑制环境规制政策经济效益的发挥。环境规制政策影响经济增长机理的中介效应显示,环境规制政策是政府、企业、公众等利益主体相互博弈的结果,规制赞成者与反对者经由政治压力所达成的平衡会直接影响环境规制政策的有效性。与此同时,环境规制政策的形成与发展亦会推动新的经济制度的形成与发展,影响经济增长速度与增长方式。

---

① 参见李多、董直庆:《绿色技术创新政策研究》,《经济问题探索》,2016 年第 2 期。

第四章 环境规制政策影响经济增长机理的理论解释

新常态背景下，中国政府正寻求通过强化环境规制政策提升经济增长的内在动力,转换经济发展方式,推动国民经济高质量发展。2013年以来,国家陆续在大气、水、土壤、森林等生态环境领域颁布了诸如《大气污染防治行动计划》《水污染防治行动计划的通知》《生态文明体制改革总体方案》《生态环境损害赔偿制度改革试点方案》等多项法规政策,对资源保护和环境整治进行了一系列新的战略部署,以明确更加严格的环保标准、条例、法令等规范市场资源要素的利用行为,以期优化地区产业结构,助力区域经济绿色增长。同一时期,中国环境规制政策实践亦迈出了历史性步伐,2015年启动了环境保护督察试点工作,2017年底中国水权试点改革基本完成,2018年初,在全国范围内正式征收环境保护税,2019年3月完成了省级部门环保垂直改革工作,缩短了生态环境监管体制改革进程,2021年5月发布了《碳排放权登记管理规则(试行)》《碳排放权交易管理规则(试行)》和《碳排放权结算管理规则(试行)》,进一步规范全国碳排放权登记交易、结算活动。

然而日益严厉的环境规制政策能否有效解决当前中国经济发展中不平衡、不协调的矛盾与问题,促进国民经济中高速增长引发了学者们的思考。20 世纪 80 年代环境规制的早期实践中,Magat(1979)①、Milliman & Prince(1989)②等阐释了"成本遵循效应"假说,指出环境规制政策提高生产要素价格的同时增加了企业的遵从成本,进而对生产研发领域投资产生挤出效应,造成其市场竞争力下降,抑制国民经济增长。90 年代,Michael Porter(1991)③,Van Der Linde(1995)④,Roediger Schluga(2004)⑤等学者对"成本遵循效应"提出质疑,认为环境规制能够激励企业创新,改进企业生产效率,弥补其环保遵循成本,创造出经济和环境的双赢局面。Van Leeuwen,Mohnen(2013)⑥研究显示尽管环境规制能够促使企业为控制污染而增加 R&D 投入,环保 R&D 投入能够显著改进企业绩效,但积极的绩效改进仍无法弥补规制成本。

对国内研究而言,韩超、张伟广等(2017)通过分析环境规制对于资源配置问题的影响,发现约束性污染控制具有显著的"加规制、去污染、去错配"作用。⑦龙小宁、万威(2017)研究表明环境规制在提高合规成本较低的大规模企业的利润率的同时,会降低小规模企业利润率,因此环境规制政策对地

①　See Magat,W.,The effects of environmental regulation on innovation,*Law and Contemporary Problems*,1979(43).

②　See Milliman,S.,Prince,R.,Firm incentives to promote technological change in pollution control,*Journal of Environmental Economics and Management*,1989(17).

③　See Porter,M. E.,American's green strategies,*Scientific American*,1991(264).

④　See Porter,M.,& Van Der Linde,E.,Toward a new conception of the environment-competitiveness relationship,*Journal of Economic Perspectives*,1995(9).

⑤　See Roediger-Schluga,T.,*The Porter hypothesis and the economic consequences of environmental regulation:A neo-Schumpeterian approach*,North Hampton,Edward Elgar,2004.

⑥　See Van Leeuwen G,Mohnen P.,Revising the porter hypothesis:an empirical analysis of green innovation for the Netherlands,*UNU-MERIT Working Paper Series*,2013(2).

⑦　参见韩超、张伟广、冯展斌:《环境规制如何"去"资源错配——基于中国首次约束性污染控制的分析》,《中国工业经济》,2017 年第 4 期。

区经济效益的整体影响不确定。①王丽霞、陈新国等(2018)认为环境规制政策同企业绿色发展绩效存在着倒 U 型的关系,并且当前北京、天津、云南等地区环境规制政策的绿色效应已经位于拐点右侧。②

已有文献表明,环境规制与经济发展密切相关,环境政策的实施会对经济发展的动力、方向、速度、路径等产生深远的影响。要正确判断环境规制的经济效益,需要拨开复杂政策网络表象,明晰环境规制政策影响经济增长的内在机理。理论解释能够为实证研究提供框架指导,数理检验则能够为理论模型的构建和完善提供佐证支持。因此,从多学科角度剖析环境规制政策影响经济增长机理的理论解释有助于为厘清环境规制与经济发展关系提供一种有益的思考框架。本书的第三章从整体上剖析了环境规制政策影响经济增长机理的生成逻辑,但环境规制主体多元性、规制机制繁杂性、规制目标多重性决定了环境规制政策工具的多样化及其经济效益的复杂性。环境规制政策工具的多样化及其经济效益的复杂性又决定了其影响经济增长机理研究的跨学科性,为此,本章拟从经济学、政治学、法学、社会学等多学科视角,剖析资源环境问题产生的根源及可行的规制之道,并据此分类梳理当前中国环境规制政策实践现状及其不足,以期为新时代优化环境规制政策,有效破解抑制区域经济增长的资源环境紧箍咒提供有益的理论启示和行动指南。

---

① 参见龙小宁、万威:《环境规制、企业利润率与合规成本规模异质性》,《中国工业经济》,2017年第 6 期。

② 参见王丽霞、陈新国、姚西龙:《环境规制政策对工业企业绿色发展绩效影响的门限效应研究》,《经济问题》,2018 年第 1 期。

第一节　环境规制政策
影响经济增长机理的经济学解释

当经济学家将环境因子纳入经济增长函数中，人类就从一个生产输入输出无边界的世界，走向一个生产输入输出有边界的世界,生产的限制性因素亦开始从社会资本蔓延至自然资本(赫尔曼·戴利,2001)。[1] 20 世纪 60 年代以来,多种经济学派陆续将环境问题纳入经济学研究领域,在从微观上剖析资源环境危机产生的经济根源、治理路径、治理成本的同时,亦从宏观上探讨了自然资源开发、废物排放以及气候变化等环境问题对宏观经济可持续发展的影响(陆远如,2004)。[2]经济学研究通常将规制视为,以行政机构为代表的政府组织干预市场要素配置和改变市场主体决策的行为和准则,本质是政府调控市场经济活动的各种行为(黄新华,2013)。[3]环境规制是指为克服资源环境领域的市场失灵问题,政府依据市场经济的运行准则和规律,制定相应政策与措施,对市场主体经济活动加以调节和控制,使其进行决策时将环境成本考虑在内, 以达到经济与环境协调发展的目标。经济学家认为,在现行的市场架构和政府政策下,许多资源环境未能被市场所涵盖,既没有产权主体,也没有定价标准依据,使得人们过度消耗产权主体不清的环境资源,肆意规避环境隐性成本,是造成资源要素扭曲配置和区域经济低效运转的主要原因(张帆、夏凡,2015)。[4]

---

① 参见于文超:《官员政绩诉求、环境规制与企业生产效率》,西南财经大学博士学位论文,2013年。
② 参见陆远如:《环境经济学的演变与发展》,《经济学动态》,2004 年第 12 期。
③ 参见黄新华:《政府规制研究:从经济学到政治学和法学》,《福建行政学院学报》,2013 年第 5 期。
④ 参见张帆、夏凡:《环境与自然资源经济学》(第三版),格致出版社、上海人民出版社,2015年,第5页。

尽管自托马斯·杰弗逊和亚当·斯密时代以来，管制的政治经济学经历了许多变化，经济不再(如果它曾经有过的话)只是纯粹的市场过程的作用，决策不再只是买家和卖家的直接要求。但是，即使是在现代的受管制的经济中，市场也仍然是最重要的(小贾尔斯·伯吉斯，2003)。[①]因此，经济学家倾向于通过市场信号引导市场主体资源环境要素的保护和利用行为，而非以明确的污染控制水平或方法来约束其环保行为决策。

霍斯特·西伯特(Horst Siebert)[②]指出，环境作为一种稀缺资源，在经济增长中发挥着很多功能，不同的功能之间是相互竞争的，资源的无偿使用会产生配置不当问题，而环境污染与破坏问题是自然资源配置问题决定的，因此需要运用成本效益分析、最优化理论、风险分析等经济方法赋予稀缺资源环境一个合适的市场价格，以解决资源环境的长期使用问题。

米尔兹(E.S.Mills)以为环境问题恶化的本质源于污染外部性引发的市场失灵，通过重新构建新古典派的企业和消费理论，论证了采用征税方式有助于形成一种经济刺激，规范市场主体的行为活动，改进资源环境要素的投入产出效率，减轻资源紧缺与环境污染问题。

丹尼尔·W.布罗姆利(Daniel W. Bromley)[③]认为个人激励和集体激励目标相悖是资源环境问题产生的主要原因，提出通过设计合理的自然资源产权制度(包括私人产权制度、国有产权制度、公共财产制度、无主物制度或开放获取制度等)，为人们如何使用资源环境提供恰当的激励，以减少"公地悲剧"现象的发生。

罗杰·伯曼(Roger Perman)、汤姆·蒂坦伯格(Tom Tietenberg)、林恩·刘易

---

① 参见[美]小贾尔斯·伯吉斯:《管制与反垄断经济学》，冯金华译，上海财经大学出版社，2003年，第12页。

② 参见[德]霍斯特·西伯特:《环境经济学》，蒋敏元译，中国林业出版社，2001年，第1~2页。

③ See Daniel W. Bromley, *Environment and Economy : Property Rights and Public Policy*, Basil Blackwell, Inc., 1991.

斯(Lynne Lewis)等的研究表明环境领域的外部性、产权不清晰、公共物品属性、不完全信息等引发的生产要素配置低效率乃至无效率是环境规制政策产生的直接原因,主张通过征收环境税费、创设可交易产权、发行环境债券、实施绿色国民经济核算等凸显环境资产市场交易价值,提高经济增长的可持续性。①

早期环境规制政策实践中,政府部门诉诸通过环境税费、排污许可、环保津贴、押金返还等经济政策调节市场主体的生产消费行为,提高资源要素综合利用率,降低经济活动中资源损耗与污染排放。但传统环境经济政策的手段单一、激励强度较弱,且随着科技水平的进步,社会生产规模的扩大,传统环境经济政策的违约成本日渐降低,违约风险日渐增大,部分环境经济政策甚至异化为创租寻租的工具,抑制了社会经济效率的提升与资源环境问题的改善。虽然中国于1982年就在全国范围内正式建立排污收费制度,1988年开始实行排污许可制度,1990年左右规范环保专项补助资金管理,1995—1996年间在固废领域建立了押金返还制度,但在20世纪八九十年代,中国环境经济政策的规制效果显然不佳。这一时期环境问题产生的经济损失约占GDP的10%,经济增长主要依靠资源要素投入的持续增加,资源要素市场价格较低、环保成本与收益不对等、政策环评缺位等难以有效约束资源环境市场中的多种投机违约行为。

21世纪以来,为更好地发挥市场机制在资源环境领域中的积极作用,降低环境规制政策的运行成本,以绿色GDP、生态补偿、绿色财税等为代表的新型环境经济政策快速发展。2004年国家正式设立森林生态效益补偿基金,2005年2月国家在10个省(市)启动了以环境核算和污染经济损失调查为内容的绿色GDP试点工作,2012年、2015年分别出台了《绿色信贷指引》《绿

---

① 参见[美]汤姆·蒂坦伯格、琳恩·刘易斯:《环境与自然资源经济学》,王晓霞、杨鹏、石磊、安树民等译,中国人民大学出版社,2011年,第80页。

色债券发行指引》,2016 年 8 月,七部委又联合发布了《关于构建绿色金融体
系的指导意见》,2018 年 7 月国家发改委印发了《关于创新和完善促进绿色
发展价格机制的意见》。上述一系列新型环境经济政策的实施,能够赋予市
场主体更多经济激励,有效推动新时代环境保护与节能减排工作的顺利开
展。但当前中国经济增长过程中的资源环境依旧十分突出,究其原因在于,
中国绿色 GDP、生态补偿、绿色财税政策大多刚刚起步,而且以零散的、碎片
式的地方政策改革试点为主,尚未形成系统性、规范化的政策制度,政策扩
散速度缓慢、溢出效益不足,抑制了其经济效益的发挥。因此,新时代需要在
厘清环境规制的问题现状、规制政策目标、规制工具属性的基础上,构建经
济激励型环境规制政策改革的行动指南,以提升新型环境经济政策的实践
绩效,促进区域经济长远发展。

第二节　环境规制政策
影响经济增长机理的政治学解释

　　许多经济学家的言论,会让人们产生这样一种印象,即政府的唯一作用
就是创造条件让市场发挥作用——市场不仅是配置稀缺资源以达到理想目
标的最好机制,也是决定目标的最好方式。但是市场不能告诉人类应该拥有
多少清洁空气、清洁水、健康的湿地或森林,或者当后代福利处于危险之中
时,人类可以接受的风险水平是多少。市场也没有告诉人类什么是理想的资
源所有权的初始分配(赫尔曼·戴利、乔舒亚·法利,2013)。[1]政策科学文献强
调政府作为社会公众的代理人,它在合理界定产权、优化资源配置、稳定国

---

　　① 参见[美]赫尔曼·E.戴利、乔舒亚·法利:《生态经济学原理和应用》(第二版),金志农、陈美
球、蔡海生等译,中国人民大学出版社,2013 年,第 379 页。

民经济、增进社会福利等方面具有重要作用。在政治科学视域中,政府规制是掌权者(即政府组织)调控市民、企业或准政府组织的任何企图,是政治家践行政治目标的政治行为活动(丹尼尔·F.史普博,2008)。[①]

环境规制是政府部门利用自身政治权威与政治资源,建立环境监管机构,透过环境立法、决策、行政、宣传与动员等政治活动,践行可持续发展政策目标的过程。规制公共利益理论认为市场机制是脆弱的,经济自由主义会造成资源配置低效率,政府部门是社会公共利益的代表,能够公正地代表公众对市场作出理性计算,提高资源配置效率,增进社会福利。但考虑到公众不同的个体偏好、关注点及困难的多样性,要在"公共利益"和"社会福利"等方面做出令人完全信服的"综合判断"几乎是不可能的。正如乔治·斯蒂格勒所言,对所有经济行业而言,政府(政府机构和政府权力)都既是潜在的资源,亦是潜在的威胁。政府具有禁止或强制市场活动的权力,夺走或给予货币资本的权力,并且可以有选择地帮助或损害大量经济行业。(George J. Stigler,1971)[②]因此,实践中的环境规制(不像最优规制)可能会减少经济福利。

自20世纪中叶以来,政治学领域围绕着现行政治体制是否能够通过政治规则和制度构架的自我更新以构建起"深绿色"监管体系,吸纳甚至消解资源环境挑战,推进人类的经济持续发展进行了大量研究。丹尼尔·A.科尔曼(Daniel A. Coleman)认为环境问题的本质原因根植于人类事务的政治之中,破解危机的关键是建立一个以科学价值观、基层民主参与以及合作互助社群精神为支撑的绿色社会。[③]赫伯特·马尔库塞(Herbert Marcuse)将资源环境问题视为资本主义的政治问题和制度问题,主张通过变革政治规则与制度

---

① 参见[美]丹尼尔·F.史普博:《管制与市场》,余晖、何帆、钱家骏、周维富译,上海人民出版社,2008年,第38页。

② See George J. Stigler, The Theory of Economic Regulation, Bell Journal of Economics, 1971(2).

③ 参见[美]丹尼尔·A.科尔曼:《生态政治——建设一个绿色社会》,梅俊杰译,上海译文出版社,2002年,第3~4页。

解决环境污染问题。①塔基斯·福托鲍洛斯(Takis Fotopoulos)则认为资源环境问题源于市场经济蕴含的主宰自然世界的观念,要化解资源环境问题,就必须开展一种旨在实现权力在所有水平上平等分配的"包容性民主"或"生态民主"变革。②叶海涛(2011)从资源环境"公共物品"特性的角度阐明了环境问题的政治性,指出处理此类问题不仅要依靠"技术化"解决方案和"经济学"思维方式,更需要运用政治智慧与制度安排。③王卓君、唐玉青(2013)考量了生态政治文化与美丽中国建设的关系,指出唯有通过建设符合时代需要和本土特色的生态政治文化,并将其践行中国特色社会主义经济建设的伟大实践中,才能真正推动美丽中国梦的实现。④

已有学者的研究表明资源环境问题的产生有其政治根源,与国家的政治理念、法律制度、政治决策以及政治行为等存在着紧密联系,作为政治活动结果的环境规制政策会透过一系列政治过程影响资源财富的配置方式与效率,进而增进(或阻碍)社会经济增长的进程。基于政治学的视角而言,环境规制政策能够通过如下路径作用于经济的增长:

一是环境政策的目标与规划,框定了资源要素配置的优先顺序。自"七五"以来,每隔五年我国都会制定专门的国家环境保护规划,早期环保规划以污染防治为主,但"十一五"以来,环境保护规划开始将节能减排,转变经济增长方式作为环保规划的主要内容。"十三五"期间,国家在布署《"十三五"生态环境保护规划》的同时,亦制定了《"一带一路"生态环境保护合作规划》《长江经济带生态环境保护规划》《"健康中国2030"规划纲要》等环保专

---

① 参见[美]赫伯特·马尔库塞:《工业社会与新左派》,商务印书馆,1982年,第128~129页。

② 参见[希]塔基斯·福托鲍洛斯:《生态危机与包容性民主》,李宏译,《马克思主义与现实》,2006年第2期。

③ 参见叶海涛:《绿色政治与生态启蒙——关于生态主义的政治哲学反思》,南京大学博士学位论文,2011年。

④ 参见王卓君、唐玉青:《生态政治文化论——兼论与美丽中国的关系》,《南京社会科学》,2013年第10期。

项规划。这些环境政策规划为地方政府强化环境硬约束,促进区域经济绿色增长提供了行动指南。

二是环保机构的设置与优化,提供了经济绿色增长的制度保障。任何环境规制政策均需经由一定的规制机构与规制人员付诸实施,环境规制政务系统设置合理与否,规制人员能力的高低将在很大程度上决定着环境规制结果的有效性。为提高环境规制政策绩效,改革开放以来,我国环保机构历经数次职能整合与机构改革,依次从最初的国务院环境保护领导小组、环境保护委员会、环境保护局、环保总局、环境保护部演变到当前的生态环境部,环保机构的职能也由最初环境政策规划、协调、监督等单项度职能扩展至融政策制订和落实、法律监督与执行、跨区域环境事务协调等于一体综合性环境管理职能。

三是政党的绿色执政理念,拟定了社会经济发展模式与方向。过去以经济建设为中心的发展观广泛渗透于各级党组主政的地方实践中, 由此造成的资源环境问题日渐束缚着经济社会的发展。党的十八以来,以"两山思想"为代表的绿色发展观被置于日益重要的位置。国家领导人多次强调,要坚持环保基本国策,加大资源环境综合治理力度,提高生态文明建设水平,走经济与环境协调复兴之路,促进人与自然和谐共生,共建人类命运共同体的美丽家园。当前中国政府的绿色执政理念与生态政治观在一定程度上拟定了未来一段时期内中国经济实现绿色增长的模式与方向。

第三节　环境规制政策
影响经济增长机理的法学解释

经济学是对政府规制诸多可能的选择进行解释,规制方式的选择主要基于经济学家个人的价值衡量，而法学研究旨在根据社会现实需要进行价值选择，并尝试通过法理途径将公共价值由理念变为现实(李培才,2006)。[①]现代生产特点是全球化、专业化以及社会化，单一的"市场之手"已无法彻底解决越来越复杂的经济关系。经济关系的正常维持需要依靠现代化的法律体系,法律日渐成为市场经济有序发展的基本要件,并且随着社会变迁而不断变化调整(殷继国,2013)。[②]现代法律制度能够通过建构市场交易中的财产权利,化解经济纠纷,降低交易成本,提尕经济运行绩效。

法学视域下,政府规制是指在市场失灵领域,为了维护社会公平正义,规制机构利用法规、标准、产权、审查等手段对厂商的生产行为和个人的消费行为加以控制和约束。环境规制的法学概念应当是,为了维护生态安全,提高资源利用率,政府通过运用环境法规、环境标准、环境产权等手段,调节和规范资源环境领域的市场失范行为。

当前,中国经济增长面临的资源环境束缚集中表现为环境污染与资源紧缺两方面。其中,环境污染问题主要源于由生产消费活动中环境负外部性,资源紧缺问题主要源于公共资源产权不清晰,资源环境要素市场价格偏低,粗放型生产消耗过度。从制度层面考量这些问题能够发现自然资源产权制度、环境影响评价制度、基本法规控制制度等方面的缺失或有效供给不足是引发资源环境危机的重要原因。在环境治理领域,公益决策程序的复杂性可能会使环境规制政策更容易受到私人利益的影响,国家法规制度则能够更为直接、立竿见影地降低利益主体因谈判、协商、监督、履约等产生交易成本。

---

① 参见李培才:《政府干预:一种价值选择——从经济学到法学》,《郑州大学学报》(哲学社会科学版),2006年第3期。

② 参见殷继国:《我国法经济学文献被引频次的统计分析与评价——以 CNKI 为数据基础的法经济学研究现状之考察》,《华南理工大学学报》(社会科学版),2013年第6期。

鉴于传统政府管制方法和手段未能有效遏制环境污染和生态破坏问题,越来越多的学者开始从环境权理论、环境法律关系、环境伦理、环境法律制度等角度阐释如何借助法学理论与法律机制来规范人们的行为,使得对资源要素的开发利用朝着有利于经济社会持续发展的方向迈进。盖洛特·哈丁[①](Garret Hardin)在《公地的悲剧》中指出公地自由使用权可能对人类社会产生毁灭性后果,因为"理性个体发现污染物净化成本高于直排成本,当每个人都基于各自独立的、理性的利益去行动时,人类终将陷入一个'污染自己家园'的怪圈",因此需要借助立法形式创设私人产权和法定的继承制度,明确自然资源使用和保护中的权利义务关系,以避免公地悲剧的产生。

宫本宪一(2004)[②]认为环境权的建立使居民能够对环境质量的选择做出独立决策,为居民参与环境整治、请求当局采取环保措施提供了可靠依据,目前日本确立的"入滩权""亲水权"等环境权利对推动居民环境保护自治运动,促进经济环境的良性发展具有重要意义。克雷格·约翰斯顿(Craig N. Johnston)则认为环境法是为保护环境以及依赖于环境的植物和动物(包括人类)而设计的法律,但就事物整体而言,环境法只是保护环境的一个次要工具,环境受到诸多因素影响,而这些因素都不受人类法律支配,大自然本身也改变着环境。[③]史玉成(2016)指出在生态危机时代,保障环境利益依靠两条法律路径:一是将环境利益上升为某种受法律保护的环境权利,通过私主体行使权利的方式予以保护;二是将通过赋予公权力机关以环境权力,对公共环境利益予以保护。[④]

基于法学视角考察环境规制政策与经济增长的关系,可以发现通过明

---

① See Garret Hardin, The Tragedy of the Commons, *Science*, 1968, 162(3859).

② 参见[日]宫本宪一:《环境经济学》,朴玉译,生活·读书·新知三联书店,2004年,第375~376页。

③ See Craig N. Johnston, *William F. Funk, Vietor B. Flatt, Legal Protection of the Environment*, West, 2005, P.1.

④ 参见史玉成:《环境法学核心范畴之重构:环境法的法权结构论》,《中国法学》,2016年第5期。

晰环境产权、严格环境法规与标准、完善环保司法救济等政策路径,有助于增进人们的环保低碳行为,促进资源要素的合理利用与开发。梳理中国环境规制实践状况可知,资源环境立法缺位与不足是造成环境政策理想与政策现实间差距的重要原因。

首先,自然资源产权政策重物权公有属性,轻资源的保护、利用与流转。在向市场经济过度的过程中,中国自然资源产权制度依次实现了由公有产权二元结构,开发利用产权的无偿授权到开发利用产权的有偿交易的转变,但国家集体作为资源环境产权的所有者需通过层层委托代理关系将资源环境的开发使用权赋予私人部门,在公有资产代理权限不清和监管缺位的情况下,私人部门盈利的本能必然会造成对资源的掠夺式开发与利用。

其次,环保法规条例约束性较弱,环境监测评估标准缺失。尽管 2014 年新《中华人民共和国环境保护法》对环境违法行为规定了按日连续处罚、限制生产和停产整治、移送行政拘留、追究刑事责任和侵权赔偿责任等法律责任,但与之配套的环境监测标准缺失、环评技术滞后等,使得环境法规惩戒力度不足,难以对企业排污行为与地方政府环境寻租行为形成有效约束。

最后,环境权尚未入宪,司法诉讼渠道不畅。环境权是人类及其后代均应享有的与环境价值相关的各种权利(包括物权环境权、共益环境权、世代的环境权、环境知情权、环境救济权等),但当前我国尚未将环境权作为公民基本权利上升至高位阶的立法层面予以保障,环境权的相关法令仅存在于低位阶的地方环保立法中,造成环境司法诉讼渠道不畅,公民环境维权意识淡薄,进而会影响经济社会发展的可持续性。

第四节　环境规制政策
影响经济增长机理的社会学解释

环境规制政策着眼于两个基本问题：一是在环境保护和使用之间寻求如何达到适当的平衡；二是如何激励和诱导经济行为主体在适度的范围内使用资源环境。人类需要多少环境保护这一规范性问题本质上是一个有关社会和政治的问题(查尔斯·D·科尔斯塔德，2016)。[1]政策主体必须意识到环境规制决策是社会性决策，与个人决策截然不同。环境规制决策会直接影响到大部分社会公众的经济、健康、环境权益，公民个体偏好存在差异，如何将多样化环境个人偏好汇总成一种全社会选择，以增进社会经济整体持续性增长，既需要运用政治学家的思维，也需要借助社会学家的智慧。

社会学家指出，一旦人超出村庄、部族、血统的层次范围时，就会达到人类尚未达到过的社会组织的层次。如果社会要自动调节组织内的人的行为，则需要借助由宗教、法律、神话、伦理等构成的世界观，将差异化的个体联系起来，以按照特定行为规则，解决共同面临的环境与发展问题。

从社会学角度而言，政府规制着眼于通过伦理价值观教育、意识改造、组织变革等方式引导和约束社会成员的行为，环境规制政策则是强调通过积极推动生态社会变革与包容性民主性社会建设，调整和规范社会成员的价值与行为，以促进经济社会环境持续健康的发展。在经济学行为假设中，人通常被视为理性自利的抽象的人，人的行为在于谋取私利最大化，但社会学通常将人视为生活在特定制度、文化与社会结构中，行为与观念受制度文

---

① 参见[美]查尔斯·D.科尔斯塔德：《环境经济学》(第2版)，彭超、王秀芳译，中国人民大学出版社，2016年，第41页。

化影响的现实的人,人利用资源环境时对其行为起支配作用的是社会主流的文化价值、信念和态度(洪大用,2014)。[1]因此,为更好地发挥环境规制政策对于经济增长的促进作用,需要将生态主义价值伦理嵌入社会经济发展的制度安排中,以节能环保低碳的生态理念引导区域经济绿色发展实践。

在环保主义思潮的推动下,社会学领域的研究者也开始尝试运用各种社会学理论与方法研究人与环境的相互作用及其规律性,探索如何通过社会价值观念的重构,社会组织结构的创新与优化,规范人的行为活动,形成经济与环境良性互动的机制。

迈克尔·贝尔(Michael Bell)认为物质层面的生产、消费、技术、金融、人口以及人的健康等决定着人们生存环境现状,观念层面的文化、意识、道德观、风险、知识和社会经验影响着人们思考和解决环境问题的方式,为更好地解决经济发展中的环境冲突,需在实践层面将物质层面和观念层面的要素结合起来,通过建构民主制度与信用,强化环境教育,促进生态对话等方式动员人们在实践中参与生态社会建设。[2]

乌尔里希·贝克(Ulrich Beck)[3]主张通过在观念、意识层面上以"生态启蒙"反省现代社会发展的合理性,在社会实践层面上以环保运动践行"生态民主政治"以消解现代经济增长的生态风险。

饭岛伸子[4]关于日本环境运动变迁的研究表明,激发社会个体的环境责任意识,积极推进第四种类型的环境运动,有助于推动经济与环境的最优发展。

李友梅等(2004)从人类生活方式和消费行为方面分析了环境问题的成

---

① 参见洪大用:《环境社会学的研究与反思》,《思想战线》,2014 年第 4 期。

② See Michael Bell, *An Invitation to Environmental Sociology*, Pine Forge Press, 2009, pp.3–5.

③ See Ulrich Beck, *Riskogesellschaft: Auf dem Weg in Eine Andere Moderne*, Suhrkarnp, 1986.

④ 参见[日]饭岛伸子:《环境社会学》,包智明译,社会科学文献出版社,1999 年,第 96~111 页。

因，指出发达地区过量的消费在消耗更多资源能源的同时向环境释放出了更多的垃圾，欠发达地区迫于人口压力和生存压力往往会采用粗放式的生产经营方式，造成了生态环境的非可持续性，因此为实现经济环境的协调发展，在发达地区需要提倡绿色消费、低碳生活，欠发达地区则需控制人口、变迁传统生产生活方式。①

郑杭生（2007）基于社会运行论的视角考量了环境同社会的关系，指出为缓解资源环境危机，需从"环境成本内部化机制、环保投入机制、环境宣传和教育机制"三方面机制建设入手，调整和改进现行的非均衡性社会运行机制，促进人类社会与自然生态的和谐共生。②

社会学研究从人的环境行为与社会经济系统互动的视角剖析了资源环境危机的主要成因、经济影响以及公民个体的反应状态和模式，主张通过积极推动社会文明建设与变革，调整社会成员的价值与行为来促进环境经济问题的缓解。从社会整体文明建构的角度而言，自2005年"两型社会"建设理念提出以来，中央政府相继出台了《中共中央国务院关于加快推进生态文明建设意见》《党政领导干部生态环境损害责任追究办法（试行）》《生态文明体制改革总体方案》《生态文明建设目标评价考核办法》《关于划定并严守生态保护红线的若干意见》等政策文件，系统推进了中国特色社会主义生态文明的制度变革与发展。从社会成员个体价值观转变的角度而言，近年来国家通过制定《全国环境宣传教育工作纲要（2016—2020年）》，积极开展环境宣教活动，建设环境教育基地等政策活动，重塑了公民个体的生态价值观，规范了社会成员的行为选择，绿色创建活动在全国范围内如火如荼地开展。

从社会组织与公民个体互动的角度而言，国家通过颁布《环保举报热线工作管理办法》《环境监察执法证件管理办法》《环境保护公众参与办法》等

---

① 参见李友梅、刘春燕：《环境社会学》，上海大学出版社，2004年，第207~210页。

② 参见郑杭生：《"环境–社会"关系与社会运行论》，《甘肃社会科学》，2007年第1期。

政策文件积极推进公民个体主动参与环境治理工作。但是鉴于中国目前收入结构是金字塔形结构,中等收入者的比重总体偏低,低收入群体占很大比例,中国社科院 2018 年发布的《中等收入群体的分布与扩大中等收入群体的战略选择》报告显示,中国高、中、低收入人群占比依次为 8.7%、22.7%、35%,低收入人群规模是高收入人群的四倍左右。尽管生态文明转型迫在眉睫,公民已然意识到环境对于经济增长的束缚性,但广大低收入群体通常会忙于生计,在有限的精力和经济条件的制约下,对于环境问题的关注度与参与热情均相对偏低。公民个体发展滞后于社会整体发展,造成环境治理中社会组织与公民个体的互动脱节,政府环境规制的高成本与低收益。

第五节　本章小结

1972 年斯德哥尔摩人类环境会议分析指出,环境问题不仅是一个复杂的技术性问题,而且是一个重要的社会经济问题,不能单纯用自然科学的方法去解决环境危机,必须争取采用多种综合有效的治理方案。为缓解日渐严峻的资源环境问题,各国均采取了多样化的环境规制政策。多样化环境规制政策的有效与否主要体现在对区域经济健康持续发展的贡献方面。环境规制政策的多样性与经济问题的复杂性决定了很难用单一学科阐清二者间的相互关系。因此需要综合运用多种学科理论知识深入剖析资源环境问题产生的根源以及促进经济绿色增长的可行规制之道。

环境规制政策影响经济增长机理的经济学解释阐明了环境税费、排污许可、环保津贴、绿色 GDP、生态补偿等经济型政策的实施有助于弥补资源环境领域的市场失灵,改进资源要素投入产出效率,驱动区域经济的绿色增长。环境规制政策影响经济增长机理的政治学解释论述了环境政策目标与规划、环保政务系统设置与优化、政党绿色执政理念等"深绿色"的规制政策工具对于资源配置、经济发展方式的影响。

法学理论强调了自然资源产权缺失、公民环境权尚未入宪、环境交易规则失范等难以有效约束市场主体的生产消费行为,造成市场经济低效运转,诉诸通过明晰环境产权、强化环境法规标准、提升环境权的法律位阶等规范市场主体行为,促进资源环境的合理开发与利用。环境规制政策影响经济增长机理的社会学解释则论证了如何通过社会文明的转型、生态价值观的普及以及基层治理的民主变革,点燃民众环保的激情,将区域经济发展引入后碳社会的轨道。

在中国环境规制的实践中,为提高环境政策绩效,有效化解转型期严峻的环境污染与生态危机问题,促进经济的持续性增长,需结合中国本土化的国情将上述不同学科的环境规制思想有机统一在一起。一方面,需要运用经济学和政治学相关知识,明晰环境规制的政策目标是尽可能以较低的成本解决生态环境领域的市场失灵(外部性、产权不清、公共物品、信息不对称等)和政府失灵(规制俘虏、X-效率损失、决策失误等),以及为达成这些政策目标所需的环境规制政策工具;另一方面,需要运用政治学、法学理论建构环境管理法规制度,明晰生态保护权责义务主体以及资源环境市场的交易规则,降低环境规制政策运行成本。与此同时,亦需要运用社会学的社会互动论、社会建构论、社会分层论等优化环境规制制度体系,丰富环境规制政策工具。此外,需注意当前学术界主要运用某一学科理论知识从表象层面探析环境规制政策对于宏观经济运行的影响,既没有运用多学科的知识阐释多元环境规制政策产生的根源及其作用机制,亦没有从具体层面探析环境规制政策影响经济增长的微观路径,而借助多学科理论知识科学厘定环境规制政策影响经济增长的内在机制与细微路径是提高环境规制政策经济绩效的关键。

第五章　环境规制政策影响经济增长机理的作用路径

2017 年党的十九大报告和中央经济工作会议指出，中国特色社会主义进入了新时代，中国经济发展进入了新时代。新时代，为适应社会主要矛盾的变化以及国民经济增长的新特征，解决好发展过程中产能过剩、效率低下、生态失衡等问题，加快建立"质量第一、效益优先"的现代化经济体系，当务之急，需要坚守生态环保底线，践行绿色发展理念，努力提升经济发展的内在动力与外在效益。绿色发展强调摆脱经济增长对资源要素投入以及环境污染的过度依赖，主张依靠环保理念、节能科技、绿色金融、新能源等转变市场主体高碳式的生产消费行为，创造新的绿色产品市场，驱动经济持续性增长，它是以效率、和谐、持续为目标的经济增长和社会发展方式，是高质量发展的本质内涵与核心价值追求，是衡量经济发展是否达到"高质量"的重要标准。[①]推动经济绿色增长内在地要求政府部门强化环境规制，严守生态

---

① 参见王晓林：《绿色发展是高质量发展的本质内涵》，http://news.enorth.com.cn/system/2018/03/23/035234833.shtml。

门槛。然而日益严格的环境规制是否会增加经济运营成本,造成环境经济领域的"诺斯悖论"问题引发学者间的热议。

在历史悠悠长河中,人类发展目标实现了从单纯追求国内生产总值增长到追求经济自由主义,人与自然和谐共生的转变,发展经济学中宏观经济增长理论实现了从哈罗德—多马模型、刘易斯结构变革理论到索洛增长源泉理论以及卢卡斯新增长理论的演进,资本积累实现了由强调有形资本、人力资本到强调知识资本和社会资本的过度,政府的角色实现了从守夜人到扶持者到规制者、服务者角色的转换,政策改革的立足点实现了从"因为贫穷所以贫穷"、因"使价格适当"的不当政策而贫穷到"使所有政策适当""使制度适当"的变迁。

正如艾尔玛·阿德尔曼(Irma Adelman)所言,经济发展思想演进的历史进程"迂回曲折",但随着发展经济学的建模日渐严密,数理推算技术日益精准,公共政策意向越来越明朗。[①]西蒙·史密斯·库兹涅茨(Simon Smith Kuznets)将经济增长视为依托现代科技进步和所需的制度与意识形态调整优化,向国内人民持续供应多元商品能力的稳步提升。[②]换言之,经济增长本质上是利用有限的资源环境,创造出更多的产品和服务,满足人们日益多样化的需求。良好的环境规制政策也应服务于现代社会经济良性增长的目标。环境规制政策的复杂性与多样性造成规制经济效应的多样性,为科学地评估环境规制政策对国民经济发展影响,需要厘清环境规制政策作用于国民经济增长的具体路径。现代经济增长的理论演进和政策实践表明,技术进步、产业升级、国际资本以及全要素生产率在一国或地区经济发展中发挥着日益重要的作用。鉴于此,本章尝试运用层次分析法剖析环境规制政策如何

---

① 参见[美]杰拉尔德·迈耶、约瑟夫·斯蒂格利茨:《发展经济学前言:未来展望》,中国财政经济出版社,2004年,第2页。

② 参见[美]西蒙·库兹涅茨:《现代经济增长:发展与思考》,《美国经济评论》,1973年,第63页。

通过上述四种不同路径作用于经济增长的不同层面。

第一节 环境规制政策—技术创新—经济增长

传统经济增长理论认为，依靠加速科技创新和深化资本改革来发展实体经济，是刺激国民经济快速发展的关键要领，科技创新是经济持续增长的动力来源。[①]工业革命以来，欧美等国经济发展的实践表明，建立在科学知识积累的迅速进步基础上的许多新的技术创新的大规模应用，以及不断增长的剩余财富所带来的这种知识积累的进一步增加，二者的相互作用是使这些国家一直保持较高增长率的关键。对于中国而言，2015 年国民经济十三五规划明确将创新发展作为未来一段时期引领中国经济发展的五大发展理念之一，2016 年以来，党中央治国理政新实践中亦多次强调，创新发展是方向、是钥匙，是引领中国发展的首要动力。本质上，创新发展是经济增长的动力由资源、能源、货币等基础物质性要素向知识、技术、管理等高级生产要素转换的过程，是不断改进经济效率的过程，是实现高质量发展的战略支撑和应然要求（石建勋，2018）。[②]创新发展内涵十分丰富，既包含组织结构、专利技术、运营模式等硬件层面的创新，亦包含管理知识、企业文化、经营理念等软件层面的革新。技术创新作为新时代践行创新发展理念，提升社会生产效率的关键路径，亦是推动国民经济高质量增长的核心动力。学术界已有研究表明，环境规制政策会透过技术创新这一中介变量，间接作用于经济增长的速度与方式。

---

① 参见苏治、徐淑丹：《中国技术进步与经济增长收敛性测度——基于创新与效率的视角》，《中国社会科学》，2005 年第 7 期。

② 参见石建勋：《深入实施创新驱动的高质量发展》，http://www.xinhuanet.com/comments/2018-03/14/c_1122535082.htm。

一、环境规制政策对技术创新的正向效应

自 20 世纪 70 年代环境规制政策实施以来,图利厂商、社会公众、非营利组织等围绕环境规制政策过程展开多方政治博弈，政府决策者需要在缓解资源环境压力、发展商业经济以及维护公众利益间进行恰当的取舍与权衡。尽管早期环境规制实践中,主流研究认为其耗费了巨额的经济成本,抑制了产业生产规模的扩大,增加了厂商运营成本,削弱了出口贸易型经济的国际市场竞争力。20 世纪 90 年代间,Michael Porter(1991)[1],Van Der Linde(1995)[2]等阐释了"波特假说"(Porter Hypothesis)。该假说指出环境规制有助于激励市场主体研发新产品和新技术,改进行业生产效率,降低经济活动中资源消耗与污染物排放,驱动区域经济快速发展,且产品创新能够帮助企业在国际市场竞争中获得先发优势,

因此,环境规制通过刺激企业创新,改进要素投入产出效率,弥补环保政策遵循成本,创造出经济与环境的双赢局面。虽然"波特假说"存在诸多争议，但许多学者的研究结果从不同层面上支持这一假说的合理性。Murty,Kumar(2003)利用 1996—1999 年印度近百家制糖工厂相关数据对波特假说双赢机会进行了数理分析,结果显示工厂技术效率会随环境规制力度、水源保护强度的提升而显著增加。[3]Popp(2006)对 1970—2000 年美国、日本、德国的公共电力企业的面板数据分析表明环境规制能够对国内发明专利应用

---

[1]　See Porter,M. E.,American's green strategies,*Scientific American*,1991(264).

[2]　See Porter,M.& Van Der Linde,E.,Toward a new conception of the environment–competitiveness relationship,*Journal of Economic Perspectives*,1995(9).

[3]　See Murty MN,Kumar S.,Win–win Opportunities and Environmental Regulation:Testing of Porter Hypothesis for India Manufacturing Industries,*Journal of Environmental Management*,2003(67).

产生积极影响。①殷宝庆(2013)研究发现环境规制通过改进企业信息交流、诱导科研活动经费投入、促进产业空间集聚等显著提升企业技术创新绩效水平,但其引致技术激励效应具有明显的工具差异性、区域差异性以及行业差异性。②

二、环境规制政策对技术创新的负向效应

在"波特假说"出现之前,新古典环境经济学的传统主义理论认为尽管环境规制能够显著性降低环境污染,但其带来的生产成本会抑制经济增长。Magat(1979)③、Milliman & Prince(1989)④等阐释了"成本遵循效应"假说,指出环境规制提高生产要素价格的同时提升了企业的合规费用,这将对生产研发领域投资产生挤出效应,阻碍市场革新技术和产品,改进生产效率,造成企业资本盈利率下降。"波特假说"提出之后,在理论和实务界也存在争议。Jaffe,Newell 等(2002)指出"波特假说"在方法论上存在缺陷,忽略了政治、经济、技术变迁等外生性因素对经济绩效的影响⑤;Palmer,Oates(1995)批判 Porter 过于依赖技术创新成功领域工厂案例的定性研究⑥。Arimura

---

① See Popp,D.,International innovation and diffusion of air pollution control technologies:the effects of NOX and SO2 regulation in the US,Japan,and Germany,*Journal of Environmental Economics and Management*,2006,51(1).

② 参见殷宝庆:《环境规制与技术创新——基于垂直专业化视角的实证研究》,浙江大学,2013 年。

③ See Magat,W.,The effects of environmental regulation on innovation,*Law and Contemporary Problems*,1979,43(3).

④ See Milliman,S.,Prince,R.,Firm incentives to promote technological change in pollution control,*Journal of Environmental Economics and Management*,1989,17(247).

⑤ See Jaffe,A.,Newell,R.,Stavins,R.,Environmental policy and technological change,*Environmental and Resource Economics*,2002(22).

⑥ See Palmer,K.,Oates,W. & Portney,P.,Tightening environmental standards:The benefit-cost or no-cost paradigm?,*Journal of Economic Perspectives*,1995,9(4).

Toshi,Sugino(2007)利用日本 19 个制造业和非制造业行业的面板数据测度了环境规制(用环保投资金额测度)对技术创新(分别用总 R&D 和与环境有关的 R&D 投入变量来测度)的作用,并得出统计意义上二者非显著性关系的结论。[①] Chintrakarn(2008)的研究表明美国日渐严苛的环境监管政策抑制了其制造业部门的技术进步。[②] Kneller,Manderson(2012)运用固定效应的动态线性回归模型分析 2000—2006 年英国制造业面板数据,研究发现环境规制对环境保护领域 R&D 投资具有明显的激励效应,但对于整体 R&D 投资的影响不显著,因此他们认为因环境领域技术创新绿色 R&D 投资会挤占其他(更具利润)研究项目的投资,阻碍制造产业技术创新整体效率的上升。[③] 张平、张鹏鹏等(2016)比较了成本型环境监管与投资型环境治理政策对企业技术创新的影响,研究结果发现基于成本的环境监管对企业创新具有"挤出效应",投资型环境治理通常对企业创新具有"激励作用"。[④]

已有研究表明环境规制政策既可能诱发"创新补偿效应",通过激励企业研发利用环境友好型新技术,降低能耗,提高生产效率和行业利润率,推进经济环境双赢局面的实现,同时也可能诱发"成本遵循效应",增加企业合规成本,挤占其他(更具利润)研究项目的投资,抑制区域经济增长。而且企业技术创新行为亦存在风险,从科技研发投入、发明专利成果、技术引入到生产技术能力的形成与扩散,许多中间环节面临诸多不确定性,由环境规制引发的绿色技术创新行为不一定能够提高行业利润率,促进产业经济的发展。

---

① See Arimura Toshi H.,Sugino M.,Does Stringent Environmental Regulation Stimulate Environment Related Technological Innovation,*Sophia Economic Review*,2007(52).

② See Chintrakarn P.,Environmental regulation and US states'technical inefficiency,*Economics Letters*,2008(3).

③ See Kneller,R.& Manderson,E.,Environmental regulations and innovation activity in UK manufacturing industries,*Resource and Energy Economics*,2012,34(2).

④ 参见张平、张鹏鹏、蔡国庆:《不同类型环境规制对企业技术创新影响比较研究》,《中国人口·资源与环境》,2016 年第 4 期。

因此，环境规制政策会通过正向效应与负向效应共同作用于企业技术创新水平，由此引发的经济效应也存在不确定性。为更好地发挥环境规制政策对企业技术创新的正向调节效应，推动国民经济高质量增长，需要选择和设计最优的环境监管合约，寻求以最低的规制成本，激励企业研发新产品和新技术，提升生产效率和市场竞争力。

第二节　环境规制政策—产业结构—经济增长

西蒙·库兹涅茨（Simon Smith Kuznets）认为经济增长是经济总量和能力的持续增长、经济结构的转变和制度的相应调整。[①]"结构动态经济学"的倡导者卢伊季·帕西内蒂（Luigi L. Pasinetti）指出当产业结构的变化能够适应市场需求的变化和更有效地开发利用新技术时，劳动和资本持续由低效率的初级加工业转移到高效率的新兴产业部门，经济就会加速增长。[②] Endres，Karin Holm-Müller（1991）进一步指出发展中国家经济的增长是传统产业不断被新兴产业取代，产业结构实现由工业主导转变为服务业主导的过程，且在这一过程中，环境政策扮演着重要角色。[③]

2011年以来，中国经济社会发展步入新常态阶段，依靠传统人口红利、资源红利释放的经济活力正逐步消失，优化产业结构，激活经济增长内在动力，成为新时代促进国民经济提质增效的关键路径。环境经济学已有研究表

---

① 参见［美］西蒙·史密斯·库兹涅茨：《现代经济增长——速度、结构与扩展》，戴睿、易诚译，北京经济学院出版社，1989年。

② See Luigi L. Pasinetti, *Structural Change and Economic Growth*, Cambridge University Press, 1981.

③ See Endres, Alfred and Karin Holm-Müller, 1991, Ökologie und Wirtschaftswachstum-eine vergleichende Analyse, In *Ökologie und Wirtschaftswachstum*, *Zu den ökologischen Folgekosten des Wirtschaftens*, ed., *Martin Junkernheinrich and Paul Klemmer*, 13 et seqq, Analytica V.-G.

明，环境规制政策会通过影响资源能源等生产要素的成本影响企业行为与产业绩效，进而引发地区经济结构调整与产业结构变迁。因此，剖析环境规制政策诱发产业结构变迁的内在机制，以理性环境规制政策增进资源能源要素在不同产业以及企业间高效配置，是现阶段推动中国经济高质量发展的当务之需。

一、环境规制政策影响产业竞争（进入壁垒）

环境规制政策对产业变迁的首要影响表现为加速市场竞争，推进行业兼并重组。环境规制通常会对经济部门外部性生产设定一个总量控制标准，按照既定程序将其分配给多个相互竞争的厂商。规制主体的目标是将产权配置给最高价值的使用者，环境规制的政策目标则是在成本最小化的要求下调整厂商数量和规模，以促进高效率产业结构的形成。Roarty（1997）[1]，Scarepetta（2003）[2]等学者的实证分析显示环境规制政策强化能够加速产业竞争，促进产业结构向高级化阶段发展。

为达到环境规制标准，厂商或购置节能减排设备，或降低产量。对于大型污染密集型厂商而言，生产效率相对较高，存在规模经济，添置节能减排设备成本占其运营总成本的比重较低，且通过生产资料的优化整合能够在较短时间内回收设备成本并获得更多利润。对于中小型污染型厂商而言，添置节能减排设备成本占其运营总成本较高，难以在短期内回收设备成本，只能缩减产量或进行生产转移，被迫退出市场。因此，环境规制政策的实施，将引发潜在进入者初始运行成本的增加，形成一种市场准入壁垒，阻碍资本实

---

① See Roarty, M., Greening business in a market economy, *European Business Review*, 1997, 97(5).

② See Scarpetta, S., Hemmings, P., Tressel, T. and Woo, J., The role of policy and institutions for productivity and firm dynamics: evidence from micro and industry data, *OECD Economics Department*, 2003.

力较弱、生产技术水平较低的中小厂商进入市场,同时也会影响既有市场的生产规模,加速市场上的优胜劣汰,提升产业整体生产效率。

二、环境规制政策影响产业区位

产业区位理论将空间因素与时间效用共同纳入经济问题的分析中,阐释了原材料、劳动力、能源、运输成本、消费市场以及地方管制政策等均会影响厂商地理选址布局,厂商地理位置的选择又会透过产业集聚效应影响地区经济效率与产业结构升级。产业集聚程度较高的地区,厂商间竞争与合作行为有助于提高区域生产专业化水平和产品市场竞争力。克鲁格曼的新经济地理学说进一步指出,以户籍制度、税收政策以及基础设施等为代表的生产要素跨区域流动影响因素是厂商选址布点与市场集聚的微观基础。[①]为在市场竞争中谋求比较优势,厂商通常会选择在生产产品机会成本相对较低的地区布点。过去厂商选址主要考虑地理位置、原料获取、消费市场以及劳动力供应等因素,但随着现代交通通信、人工智能技术的进步,企业获取原料的成本与运输成本比重相对降低,政府政策成本日益成为影响厂商选址的重要因素。

相对于环境管制较为严格的地区,污染型工厂出于成本效益的考量会选择在无环境规制的地区或规制强度较低的地区布点。Copeland 与 Taylor(1994)在研究南北贸易和环境的关系时,系统阐释了“污染天堂”假说,认为严苛的环境政策会增加污染密集型厂商的经济负担,为躲避严苛的环境标准,降低运营成本,污染密集型生产厂商会将厂址搬迁到无环境规制或规制

---

① See P.Krugman.,First Nature,Second Nature,and Metropolitan Location,*Journal of Regional Science*,1993,33(2).

标准相对宽松的国家或地区,由此会引发地区间产业结构布局的变迁。[①]这一假说为许多学者的研究所证实,如 Abay Mulatu,Reyer Gerlagh 等(2010)对欧洲 13 个国家 16 个制造业的实证分析显示,环境规制标准较低的希腊、比利时等国家集中了众多的印染、化工等污染密集型产业,与之相对,芬兰、瑞士等国环境规制比较严格,集中了较多广播、电视、通信设备等污染较少的清洁产业。[②]

三、环境规制政策影响贸易结构(市场需求、商品结构)

资源要素价格、消费者偏好、生产技术变革、宏观经济制度以及政府公共政策等均会影响经济体内部的贸易结构,通常政府规制设置在要素价格、技术标准、安全界限以及物品所有权等方面的约束条件都将通过影响厂商和消费者的行为决策调整或重塑一个国家或地区的贸易结构(丹尼尔·F.史普博,2008)。[③]环境规制政策的实施一方面会引发生产要素市场中矿产、能源、原材料等资源要素投入成本的上涨,抑制高污染高能耗制造业的发展,另一方面会引发消费市场中低碳环保型商品需求的增加,激励低能耗高效益技术集约型产业的发展。学者的研究亦从不同侧面验证了环境规制政策会通过影响生产要素的价格与商品结构的需求,影响市场上厂商与消费者的行为决策,诱发产业结构的调整与变迁。

Rubio,Goetz(1998)研究发现环境规制政策的变化会导致资源投入要素

---

① See Copeland B.R.,Taylor M. S.,North–South Trade and Environment,*The Quarterly Journal of Economics*,1994,109(3).

② See Abay Mulatu,Reyer Gerlagh,Dan Rigby,Ada Wossink,Environmental Regulation and In-dustry Location in Europe,*Environmental Resource Economics*,2010(45).

③ 参见[美]丹尼尔·F.史普博:《管制与市场》,余晖、何帆、钱家骏、周维富译,上海人民出版社,2008 年,第 55 页。

相对价格的变动,不同经济要素间的替代性会因此变动,依赖资源环境要素投入的工业企业的发展将受到影响。[①]Maia David,Bernard Sinclair-Desgagné(2005)研究了不同类型环境规制政策工具(环境税费、标准设置、自愿协议)如何通过价格机制影响企业减排服务需求,进而驱动环境服务业的发展,发现合理的环境规制政策有助于刺激绿色生态产业的发展。[②]Anjula Gurtoo,S. J. Antony(2007)借助文献研究法分析了环境监管对于商业经济活动的间接影响,结果显示环境监管尤其是环境立法能够通过塑造新的环保消费需求市场,引导企业使用新技术,生产新产品,进而引发产业结构的变迁。[③]

　　传统数量型经济增长理论致力于研究"卡尔多事实",如资本产出比保持稳定、劳动和资本份额保持稳定,经济增长率保持稳定。现代质量型经济增长理论更多强调包容性增长,重视增长的长期性、持续性与增长结果的公平性、共享性以及人类福利的提高。经济增长质量是以劳动力、资本、技术为代表的社会经济要素与以空气、水体、矿藏、生物等为代表的自然生态环境有机整合的过程和结果。资源环境能否实现良性循环体现了经济增长的持续性,产业结构合理与否彰显着经济增长的协调性,推动产业结构优化升级是改进经济增长质量的内在要求和先决条件,经济增长质量改进是产业结构高级化的必然结果。[④]而环境规制政策恰能以总量控制、环境税费、环境立法等形式调节市场主体的生产—经营—消费行为,促进环境资源在不同产业间合理流动与高效配置,推动地方产业结构拾级而上。因此,在新常态的

　　① See Rubio S.J.,Goetz R.U.,Optimal Growth and Land Preservation,*Resource and Energy Economics*,1998,20(4).

　　② See Maia David,Bernard Sinclair-Desgagné,Environmental Regulation and the Eco-Industry,*Journal of Regulatory Economics*,2005,28(2).

　　③ See Endres,Alfred and Karin Holm-Müller,1991,Ökologie und Wirtschaftswachstum-eine vergleichende Analyse,In *Ökologie und Wirtschaftswachstum,Zu den ökologischen Folgekosten des Wirtschaftens,ed.,Martin Junkernheinrich and Paul Klemmer*,13 et seqq,Analytica V.-G.

　　④ 参见任保平、钞小静、师博、魏婕:《经济增长理论史》,科学出版社,2014年,第203页。

背景下,需要以环境规制政策助力区域经济绿色转型,以更好地释放结构红利,推动中国经济的高质量发展。

第三节 环境规制政策—FDI—经济增长

19世纪欧洲和北美各国经济的快速增长,在很大程度上是以自由贸易、自由资本流动以及非技术剩余劳动力不受限制的国际迁徙为基础,国际间自由贸易被视为推动经济发达国家经济社会发展的"发动机"。[①]对于大多数发展中国家而言,国际经济体系能够为其提供稀缺的资本资源与技术知识,对于发达国家而言,国家经济体系能够为其提供廉价的劳动力与原材料,推行外向型经济政策,鼓励资本、工人、企业、商品等在国际间的自由流动能够更好地刺激一国的生产与消费,促进产业发展的多样化与区域经济的快速增长。在经济全球化加速发展的历史进程中,FDI(Foreign Direct Investment)扮演着重要角色。通常情况下,资本流出国将FDI视为"对外直接投资",资本流入国将FDI称作"外国直接投资"或"外商直接投资"。作为国际资本流动的重要方式,FDI究竟会对世界贸易产生哪些经济蝴蝶效应引发理论界和实务界诸多讨论,20世纪90年代以来,越来越多的证据表明,外商直接投资能够对流入国经济发展产生资本聚集效应、技术扩散效应、产业升级效应以及就业溢出效应等影响。近年来,随着人均生活水平的持续改进,对于健康安全环境需求的增加,资源环境经济政策日臻完善,同时,资源环境经济政策变迁也日益成为加速或抑制FDI流动的关键因素,不同类型的环境经济政策通过影响FDI数量、质量与结构作用于区域经济增长。

---

① 参见[美]迈克尔·P.托罗达:《经济发展》(第六版),黄卫平、彭刚等译,中国经济出版社,1991年,第119页。

一、环境规制政策影响FDI区位选择

资本积累是维持一个地区经济长期持续稳定增长的重要基础，广大欠发达地区，原始资本积累相对不足，本土经济的发展有赖于 FDI 的支持，但 FDI 流动具有明显的区域偏好，资本的逐利性会将 FDI 吸引至经济增长较快、市场较活跃的地区。已有研究表明，FDI 区位选择是多因素共同作用的结果，相较于资源禀赋、公共基础设施、市场发展潜能、产业集聚程度等非制度性因素而言，契约执行率、政治稳定性、市场法律体系、公职人员廉洁性等制度因素对于 FDI 区位选择的影响更为显著。环境规制政策作为一项重要的公共政策，将和其他制度性因素交互作用，共同影响 FDI 地理区位选择。

"环境标准竞次"假说（race to the bottom）指出不同国家或区域为了在激烈的市场竞争中获取比较优势，会展开逐底竞争，竞相放松环境规制，降低环境标准，吸引 FDI 流入，FDI 流入在带动地区经济短期增长的同时，也可能加剧地区环境污染问题，抑制地区长期持续性发展。Long 和 Siebert(1991)将环保费用纳入新古典一般均衡经济模型中发现，排污税征缴会显著降低货币资本回报率，引发资本外流至环境规制政策水平较低的地区。[1]Kirkpatrick，Shimamoto(2007)研究结果显示日本大部分外商直接投资流向了环境监管政策相对稳定且严苛的国家。[2]袁枫(2013)研究亦发现 FDI 区位选择不仅受当地环境规制政策水平的影响，周边地区环境标准亦会对其 FDI 流入产生深刻影响。[3]

---

[1]　See Long,N.,Siebert,H.,Institutional Competition versus Ex-ante Harmonization:The Case of Environmental Pohty,*Jonrnal of institutional and Theoretical Economics*,1991(147).

[2]　See Kirkpatrick,C.,K.Shimamoto. The Effect of Environmental Regulation on the Locational Choice of Japanese Foreign Direct Investment,*IARC Working Papers with number 30584*,2007.

[3]　参见袁枫:《环境规制与 FDI 区域非均衡增长研究》,《求索》,2013 年第 3 期。

因此,本书以为环境规制与FDI区位分布间存在复杂的非线性关系,为避免"环境标准竞次"与"污染天堂"效应的产生,促进地区经济的持续性发展,政府在强化环境规制的同时,应更多地引入高质量FDI,更好地发挥FDI的技术溢出效应。

二、环境规制政策影响FDI产业分布

产业梯度转移理论指出,全球经济呈现非均衡发展特征,各个地域间经济发展存在显著差异,经济较发达地区为优化产业结构,集中技术、资源壮大高新清洁产业,会将一些低端落后工业企业转移到经济欠发达地区。当经济欠发达地区所需的资金超过地区储蓄的周期性的总投资增长时,发达国家会以对外直接投资的形式,将高耗能的低端产业尤其是初级加工业转移到经济相对落后的欠发达国家或地区。尽管FDI的流入有助于填补投资能力与存储能力之间的暂时缺口,提高欠发达地区的生产能力与经济规模,但生产扩张需要增加机器设备、原材料与其他工业制成品的供给,而欠发达地区从国际市场上购买机器设备和工业制成品的过程,本质是发达国家转移国内低端产业与过剩消费需求的过程。

环境规制政策的实施,会提高FDI的准入门槛,减小低端高耗能领域FDI的资本盈利率,吸引FDI更多流向高端环保型产业。Xing,Kolstad(2002)分析了美国对外投资行业数据,发现东道国环境法规政策的强化会阻碍污染密集型产业海外投资的扩张,清洁型产业受环境法规的影响较小。[1]Taylor(2005)从国际产业转移视角分析了环境规制政策影响FDI的内在机制,发现高强度的环境监管通过改变厂商的生产成本调节着市场贸易结构或投资

---

① See Xing Y.,C.D. Kolstad,Do lax environmental regulations attract foreign Investment,*Environmental and Resource Economics*,2002(21).

行为。[1]李国平等(2013)的研究证实了环境规制诱发的 FDI 效应具有行业异质性,在低技术密集度、高污染程度、低 R&D 强度的行业环境监管对 FDI 的抑制效应更显著。[2]环境规制政策引发的 FDI 产业效应意味着,为防止跨国公司通过直接投资途径将污染严重或禁止使用的产品、技术和设备转移到中国,一方面需要提升本土的人力资本与科学技术水平,减少对国际资本的依赖,变外延性经济增长为内涵式经济增长;另一方面需要依据国际环境公约与标准,优化国内环境规制政策,吸引更多技术密集型产业的 FDI 流入,提高外向型经济发展绩效。

三、环境规制政策影响FDI规模

在日渐开放的世界经济体系中,物品价格通常由国际市场决定。任何地区性的偏离(如对国内生产征收环境税费)都不会改变国际市场的价格,也不会对消费产生任何影响,它只会影响利润和在本国中的市场份额。环境规制政策的实施会造成国内生产成本的提高,引发出口贸易的减少,进口贸易的增加,为了避免成为净进口国,需要调整经济政策,优化贸易结构,由此会引发国际市场 FDI 规模的变动。面对日益严格的环境规制政策,为了维持国际竞争优势,跨国公司可选的应对策略或是加速跨国并购计划,通过并购产生的规模经济弥补环境遵循成本,或是将生产地转移至环境规制标准较低的地区。但生产地转移需要耗费大量的成本,用同样的成本推动企业的兼并,提高企业市场占有率则有助于提升企业的生产效率与市场竞争力。

---

[1]　See Taylor M.,Scott,Unbundling the Pollution Haven Hypothesis,*Journal of Economic Analysis and Policy*,2005(3).

[2]　参见李国平、杨佩刚、宋文飞、韩先锋:《环境规制、FDI 与"污染避难所"效应——中国工业行业异质性视角的经验分析》,《科学学与科学技术管理》,2013 年第 10 期。

　　因此,若跨国公司采用生产地转移策略,会造成东道国 FDI 流入规模的缩减,反之,若跨国公司采用兼并收购策略,则会造成东道国 FDI 流入规模的增加。跨国公司的最终战略选择是东道国环境规制、市场潜力、要素禀赋、经济政策等多种因素综合作用的结果。学者的研究亦证实了环境规制政策能够影响 FDI 流入规模。John 和 Catherine(2000)使用条件对数模型考量了环境监管对美国各州吸收外商直接投资的影响,结果表明,严苛的环境监管政策将导致 FDI 流入量大幅度下降, 例如美国亚利桑那州的环境控制单位成本增加 1%,其吸引的外商投资额会随之下降 0.262%。[1]Bouwe,Anuj(2006)运用古诺双寡头模型分析环境规制对 FDI 的影响,发现跨国企业资本雄厚、技术较优,环境政策遵循成本相对较低,东道国环境规制政策的强化引发的地方本土企业成本上升高于跨国企业,降低了本土企业的竞争优势,因此会吸引大规模 FDI 流入。[2]江珂、卢现祥(2011)利用 1995—2007 年间中国 41个投资来源国和地区的数据衡量了中国环境规制相对力度的变化对 FDI 流入的影响, 研究表明环境规制政策相对力度的增加会显著减少来自发展中国家(地区)的 FDI 规模,但来自发达国家的 FDI 规模未因此发生波动。[3]

　　改革开放以来,中国坚持"以市场换技术"的引资战略,大量 FDI 的引入,推动了经济的高速增长。但 FDI 犹如一把双刃剑,在加速资本积累、拉动国内就业、促进技术进步的同时,亦加剧了国际贸易摩擦、区域非均衡性发展以及金融风险等问题。环境规制与 FDI 的理论解释及政策实践表明,环境规制政策会通过影响 FDI 的区位选择、产业分布、投资方式和规模等对 FDI

　　① See John A. List,Catherine Y. Co.,The Effects of Environmental Regulations on Foreign Direct Investment,*Journal of Environmental Economics and Management*,No.2000(1).

　　② See Bouwe R.,Dijkstra,Anuj J.,Environment regulation:An incentive for foreign direct investment,*NBER Working Paper 3942*,2006.

　　③ 参见江珂、卢现祥:《环境规制相对力度变化对 FDI 的影响分析》,《中国人口·资源与环境》,2011 年第 11 期。

进入产生潜移默化的影响。

因此，为了尽可能降低 FDI 对经济的负面影响，充分发挥其在环境保护、推动内资技术进步与区域协调发展方面的积极作用，需要以环境规制政策严把 FDI 的准入门槛，引导 FDI 在不同区域、行业、产品、生产中合理流动，增进资源的优化配置，以国际化的环境标准，减少贸易摩擦，促进企业间的公平竞争，更多地利用资本密集型、技术密集型 FDI，促进地区经济持久均衡性发展。

第四节　环境规制政策—全要素生产率—经济增长

全要素生产率（TFP）增长是现代经济增长的重要驱动因素之一。自罗伯特·卢卡斯（Robert E. Lucas）提出"资本为什么不从富国流向穷国"议题以来，学术界开始将经济增长的焦点由过去的资本、技术、结构、制度等单项因素贡献等延伸至全要素生产率的综合贡献。2004 年诺贝尔获奖者 Prescott（1998）的研究表明不同国家的差距并不能由包含物质资本、人力资本等在内的要素投入来解释，需要从全要素生产率的层面系统阐释。[1] Eastery，Levine（2001）对多国经济贸易发展特征的研究发现，世界上约九成的跨国增长率需要用经济生产函数中无法直接观测到的由效率改进与技术进步引发的全要素生产率的变动来解释。[2]胡鞍钢（2003）[3]、吴延瑞（2003）[1]等学者亦证实，改革开放以来的中国经济突飞猛进离不开 TFP 增长

---

[1]　See Prescott，E.，Needed，A Theory of Total Factor Productivity，*International Economics Review*，1999（89）.

[2]　See Eastery，W.，Levine，R.，It's Not Factor Accumulation：Stylized Facts and Growth Models，*World Bank Economic Review*，2001，15（2）.

[3]　参见胡鞍钢：《未来经济增长取决于全要素生产率的提高》，《政策》，2003 年第 1 期。

的贡献,并指明中国今后经济高速增长的关键任务在于千方百计地提高TFP。

过去,人们通常采用只考虑市场合意产出(如国内生产总值、人均收入增长、企业盈利率等)的 Tornqvist 指数、Fischer 指数等测量全要素生产率,经济活动中的非市场性的非期望产出(如噪声污染、碳排放、生态退化等)则未被纳入生产函数之中。由于环境政策缺失不足,环境外部性没有被内部化,大量未付费资源环境因素极易制造出经济繁荣的假象。倘若环境成本未能及时计入经济增长函数,增长结果计算是有偏的,增长背后累积的资源环境问题到达一定极限后,势必引发人类社会发展的多重危机。环境规制政策在本质上就是要赋予资源环境恰当的市场价格,将环境因子纳入增长函数之中,其引发的技术变迁效应与要素替代效应将诱导生产系统内部的投入要素、工艺技术、制度结构等方面的重新整合,经济体输出的生产效率亦会随之发生变动。

一、环境规制政策影响产业静态效率

一项经济活动的排污量,主要取决于它的污染强度或排放率以及它的活动水平与规模,环境规制政策关注的重点是如何改变企业的产出结构,以降低经济活动的污染强度或排放率。产出效应成功与否,似乎又取决于减污难易程度、商品需求弹性以及政策工具成本等。通常,环境污染引起的边际损失会随排污量增加而递增,降污边际成本会随减污量增加而递增,但降污单位成本则会随排污量增加而递减。

因此,在排污企业相对集中的工业园区,建设集中式一体化的污染治理设施,有助于保障企业在既有产出水平上,降低单位产品的减污成本。环境规制政策的推行,能够诱导高污染高耗能企业在环境遵循成本相对较低的区域集聚,为了降低运输成本,与耗能污染型企业相关的上下游产业也会在污染型企业周边集聚。不同产业在地理空间上集聚,一方面能够促进治污边际成本的平均化,使污染治理成本较低的企业承担较多的污染整治任务,有效降低行业整体治污成本,使企业将更多资金用于扩大生产;另一方面能够诱发"技术溢出"效应,形成规模经济,促进行业整体生产技术进步与生产效率提高。

Yoruk,Zaim(2005)研究显示传统生产率指数无法准确测度存在考虑环境负外部性的经济生产效率的增长,将环境因子加入生产函数中,测度结果与无环境因子的结果存在 7%的差异。[1] Commins(2009)研究了环境税费对 TFP 变动的影响,发现能源税征收有助于提升资本回报率与生产效率,同时全要素生产率亦是随碳税标准的提升而显著提高。[2]因此,环境规制政策的实施,将通过产业集聚的中介效应,促进资源要素在空间上的优化配置,提高产业的静态效率。

二、环境规制政策影响产业动态效率

长期而言,如果经济部门的产出商品服务总额超过投入资源要素总量,能够获得较多净产品资源用于消费与扩大再生产时,经济运转是动态有效的,反之,当经济部门产出商品服务数量不足,无法贡献消费或扩大再生产时,经济运转是动态无效的。改革开放以来,中国依靠投资带动经济增长的粗放型发展模式造成资本的过度积累与资本边际生产率逐步下降,进一步引发中国经济增长率的显著下降。

---

[1]　See Yoruk,Baris K.,Osman Zaim. Productivity growth in OECD countries:A comparison with Malmquist indices,*Journal of Comparative Economics*,2005,33(2).

[2]　See Commins N.,S. Lyons,M.Schiffbauer & R.S.Tol. Climate Policy and Corporate Behaviour, ESRI,*Working Paper*,2009(329).

因此，提升中国经济整体增长率内在地要求提高实体产业部门的投入产出效率，变传统要素投入型增长为创新技术驱动型增长。环境规制政策的实施，在加速淘汰市场的落后产能，增进资源跨期配置优化，提高经济部门的产出绩效的同时，亦能够打破现有市场的利益均衡状态，增加市场投资机会，刺激新能源、环境服务、科技创新等新型产业的发展，将更多的资本引入低碳绿色产业中，提高宏观投资效率，促进经济的持续增长。但环境规制政策对于产业动态效率的积极影响是建立在以外部性为代表的市场失灵造成的资源配置扭曲而需要政府干预和引导的基础上，过度的政府干预也可能扰乱市场的资源配置功能，拖累产业动态效率的增长。

刘和旺、郑世林(2016)对环境规制和TFP关系的度量结果显示，二者之间存在倒U型关系，即随着规制强度的加大，全要素生产效率会逐渐提升，但规制政策强化到一定程度后，全要素生产率则会下降。[1]因而，实施严格且适宜的环境规制政策是促进经济增长与自然生态和谐的关键。

保罗·克鲁格曼(Paul Krugman)曾言，近年来，亚洲经济发展取得了举世瞩目的成绩，但缺少与之匹配的高水平的生产效率，经济增长主要依靠资源投入的堆积，而非产业效率的改进。[2]新时代，中国经济增速趋缓的重要原因亦在资源要素投入对经济增长的边际贡献濒临极限，经济发展的内生动力不足，加之外部世界经济不景气，亟须以供给侧改革为支点，建设现代化经济体系，努力提高全要素生产率，挤出投资驱动模式下过剩的生产能力，推动国民经济的绿色转型与高质量发展。而提升全要素生产率的关键在于优化环境政策设计，规范资源环境市场行为。适宜的环境规制政策通过时间效

---

① 参见刘和旺、郑世林、左文婷：《环境规制对企业全要素生产率的影响机制研究》，《科研管理》，2016年第5期。

② 参见[美]保罗·克鲁格曼：《萧条经济学的回归》，朱文晖、王玉清译，中国人民大学出版社，1999年。

应与空间效应调节着资源要素在不同厂商、不同行业、不同区域以及不同时期间实现最优配置，以环境标准、总量控制、环境税收、产权设置等手段激励市场主体革新生产工艺，不断提高资源要素投入产出比率，进而确保有限的资源环境能够长久服务于人类社会不断变化发展的多元需求。

第五节　本章小结

在一个自由的市场经济中，经济增长是内生的，经济结构趋向于以一种反映生产要素、偏好和某段时期的比较优势的方式在发展。这种发展不是由物理学的铁律而是由社会的行为产生的，决定经济结构的是生产者和消费者，但掌权者能够借助政策工具诱导社会经济发展路径的变迁。发达国家经济发展经验显示，在工业化的进程中，生态环境系统的"修复"和自然资源的"替代"成本大大高于保护成本，且在某些情况下环境污染与生态破坏是不可避免的。为尽可能降低经济增长对环境的负面影响，需要以环境规制政策调节市场中生产者与消费者的行为，纠正经济发展的非持续性路径。

现代经济增长理论的已有研究表明，技术创新、产业结构、外商直接投资以及全要素生产率在维持经济持续增长过程中发挥着十分重要的作用。环境规制政策影响经济增长作用路径的分层分析表明环境规制政策会通过这四种路径调节经济增长的速度与方向。具体而言，微观层面，环境规制政策既可能激励市场微观主体企业进行技术创新，提高企业生产效率，也可能诱发"成本遵循效应"，增加企业合规成本，抑制企业生产规模的扩大；中观层面，环境规制政策会通过影响产业竞争、产业区位、贸易结构等影响一国内部的产业结构变迁与升级，亦会通过影响 FDI 区位选择、FDI 产业分布与 FDI 规模等影响一国对外贸易总额与水平；宏观层面，环境规制政策会通过时间效应与空间效应调节着资源要素在不同厂商、不同行业、不同区域以及不同时期间实现最优配置，促进全要素生产率稳步提高及国民经济持续增长。

第六章　环境规制政策影响经济增长机理的实证检验

　　在经济社会发展的历史进程中，人类为了保护环境愿意放弃多少经济福利，人类为了经济增长愿意牺牲多少环境福利，人类保护环境的过程中放弃了多少经济福利，人类发展经济的过程中牺牲了多少环境福利，以及人类怎样约束自身生产消费行为以实现自身整体福利的最大化，是践行人类可持续发展目标的历史过程中必须回答的问题。在不同的发展阶段，人类发展的史绩给出了不同的答案，即便在同样的发展阶段，等量的经济福利与环境福利赋予人类个体的边际效用亦存在不同，每个个体又会根据自身的边际效用做出差异化的行为选择。

　　在特定历史时期内，为谋求社会整体福利的最大化，人类需要在经济与环境之间进行恰当的衡量，将经济活动控制在生态阈域约束的范围内，这就内在地要求进行环境规制。然而环境规制不足或规制过多均不利于经济的健康增长。对于新时代的中国而言，采取适宜的环境规制政策，科学把握环境规制力度，是高效推动经济高质量发展的应然之求。理智或判断力被确信可使自然法的重构体系具有效力，现代经济学家也日益推崇用数理统计将复杂的现象尽可能以简单的数量元素加以测量和解释，以增强其说服力。因此，借助数理模型对环境规制政策影响经济增长复杂机理加以检验，及时发掘规制政策实践存在的不足与缺陷，是有效改进环境规制政策绩效，推动中国经济高质量发展的关键。

改革开放四十年来（1978—2017），中国国内生产总值按照不变价计算增长 33.5 倍，年均增长 9.5%，远超出同期世界经济年均 2.9% 左右的增速，近年来中国对世界经济增长的贡献率超过 30%，日益成为世界经济增长的力量之源、稳定之锚。[①]但长期以来，以要素驱动和投资驱动为特征的数量型经济增长模式亦造成中国经济发展中低端供给过剩、高端供给不足、低质量供给与高质量需求间的不平衡、不协调的矛盾逐渐升级，日渐束缚着国民经济的持续增长。

依据国家统计局官方数据显示，中国国内生产总值在 2000 年至 2010 年间以年均 10.11% 的速度增长。但是 2011—2017 年，中国 GDP 年均增长速度下降到 7.57% 左右，进一步剖析 GDP 增长的历年数据可知，2007 年中国 GDP 的增速为 13.0%，2008 年中国 GDP 增速开始下降至 9.6%，虽然 2010 年 GDP 增速有所回升，但之后中国 GDP 增速呈明显下滑趋向。与此同时，国家统计年鉴显示 2000—2010 年中国能源消费弹性系数的年均值是 0.87，其中 2003、2004 与 2005 年，中国能源消费弹性系数均突破 1（分别为 1.62、1.67、1.18），这意味着能源消费增长速度高出国民经济增长速度。能源消费弹性系数较高，能源消耗总量上升过快，显然不利于经济健康持续性增长。

2011 年以来，为转变经济增长方式，缓解经济下行压力，中国着手推进供给侧结构性改革，强化环境规制，提高能源利用效率，2011—2016 年，中国

---

① 参见国家统计局：《波澜壮阔四十载，民族复兴展新篇——改革开放 40 年经济社会发展成就系列报告之一》，http://www.stats.gov.cn/ztjc/ztfx/ggkf40n/201808/t20180827_1619235.html，2018 – 08 – 27/2018 – 09 – 10。

能源消费弹性系数均值随之下降至 0.395。但能源消费弹性系数下降的同时，中国经济增速未见显著回升，日渐严峻的环境规制政策能否发挥良好的技术创新效应、产业升级效应、改善外资品质、刺激中国全要素生产率的增长成为学者们竞相讨论的重要议题。尽管经济发展与能源消费变迁的宏观数据显示，资源环境政策与经济转型间存在重要关联。但国民经济运行是一个复杂的社会系统，受到诸多因素影响（诸如国家的资源禀赋、资本积累、制度环境、国际环境等等），环境规制政策作为其中之一，对经济增长的影响范围、程度与方向尚需进一步检验。

第一节　环境规制政策影响技术创新的实证检验

熊彼特在《经济发展理论》中阐明，经济发展是经济系统内部企业家通过革新工艺技术、产品服务、组织管理等活动，对生产体系内部的生产要素和生产条件进行重新组合，创造更多社会财富。产业革命以来，人类科技发展历史征程上每一次重大的技术创新（诸如蒸汽机的出现、发电机的产生、人工智能与量子通信技术的问世等），在推动人类社会变迁的同时，亦释放出极大的社会生产力，刺激着世界经济转型与发展。当今世界，政治环境复杂多变、科学技术日新月异、区域经济一体化和经济全球化加速推进，为在激烈的外部竞争中谋求先发优势，各国竞相发展科学技术，推进科技强国战略，如英国推行高价值制造战略、德国实施工业 4.0 战略、美国建立工业互联网联盟、日本启动机器人革命行动、法国打磨"未来工业"战略等。

与此同时，为顺应第四次工业革命的大潮，促进科技进步与经济发展，中国制定并推进了《中国制造 2025》《国家创新驱动发展战略纲要》以及"互联网+"战略等。据世界知识产权组织公布的全球创新指数排名显示，2018 年中国以 53.06 分排名第 17 位,较 2008 年的 37 位,上升了 20 位。[①]虽然,近年来中国的技术创新在规模指标以及速度指标方面具有较强优势,但在应用实效、结构质量等方面存在明显不足,与欧美国家间存在较大差距。[②]新时代背景下,科技创新是推动高质量发展的重要引擎,绿色发展是实现高质量发展的必由之路,但通向绿色发展所需遵循的严厉的环境规制政策是否会增加宏观经济运行成本,抑制技术创新水平的提高发人深思。

一、理论分析与研究假设

经济运行的过程中,企业的生产技术和要素价格决定市场供给能力,消费者的偏好与支付能力决定了市场需求规模,供需之间的积极互动推动着经济的持续增长。当市场供给大于市场需求时,会造成生产过剩、资源浪费、通货紧缩、增长乏力等问题,当市场供给小于市场需求时,则易造成供应短缺、物价高涨、通货膨胀、增长过热等问题。

既定的历史时期内,为充分释放劳动力、土地、资本等生产要素的潜能,促进市场总供给与总需求之间的均衡,避免经济增长乏力或经济过热问题的出现,在依靠投资、消费、出口等需求侧改革刺激经济显性增长的同时,亦需要重视从优化产能结构、提升全要素生产率等供给侧方面发力,激活潜在的经济增长率,促进经济长期持续性增长。

在新时代,中国经济增长面临的主要瓶颈在于劳动力成本和资源能源价格的日渐上升以及金融危机带来的国际市场的持续疲软使得中国传统两大经济动力机制逐步减弱,以技术创新和制度变革为核心的新的动力机制

---

① See Cornell University, INSEAD, WIPO, *Global Innovation Index 2018 Energizing the World with Innovation*, http://www.wipo.int/publications/zh/details.jsp?id=4330.

② 参见朱迎春:《从主要指标看中国科技创新发展态势——基于历年统计数据的分析》,《世界科技研究与发展》,doi:10.16507/j.issn.1006-6055.2017.07.002。

尚未形成,经济增长过程中的结构性失衡、利益分配不均、过度城市化等拖累了经济转型与发展。

近年来频繁发生的能源危机、雾霾污染、自然灾害、环境事件等表明中国无法继续沿袭传统攫取式的发展模式,需要依托新的技术创新与技术革命,寻求更加集约、更加持续、更顺应人与自然和谐共生使命的复兴之路。

因此,为加速推进国民经济的提质增效,当务之急,一方面需依靠技术创新,降低能耗,提升产业发展效率;另一方面需依靠制度变革,调节经济结构,释放经济增长活力。技术创新在本质上是通过技术研发(发明创造新构想)、技术革新(将构想转化为技术实物)、技术扩散(新的技术实物在社会上得到广泛的认同与使用)等活动对生产要素加以新的组合,影响和重塑企业的组织结构与生产方式,以推动社会经济增长模式的变革。

制度变革则主要强调通过优化调整产权制度、组织管理、约束体系等,设计和创造新的社会规范体系和利益激励结构,影响和改变社会主体价值偏好和行为选择,引导人类社会实现从"自然状态"到"市民社会"再到"人与自然和谐"的转变。

技术变革是制度变革的原始动力,制度变革是技术变革推动社会生产发展的必然要求和结果,同时制度变革也会反作用于技术变革,影响着技术变革范围、速度与方向。党的十八大以来,中国政府正努力通过严格环境法规、丰富环境税费、优化环保职能机构设置等一系列绿色制度变革,倒逼企业进行技术创新,革新生产技术与工艺,推进国民经济的绿色转型与持续发展。然而环境规制政策类型多样,异质化的环境规制政策在作用机理、执行成本、实践绩效等方面具有诸多差异,因而其诱发企业技术创新的机理必然不尽相同。

目前中国实施的环境规制政策包括经济激励型、行政督察型、立法监控型以及社会参与型四类。经济激励型环境规制政策强调运用经济学方式,将资源环境成本费用计入经济活动的生产函数中，借助市场信号引导企业革新技术，提高生产效率，如环境税费、绿色金融、生态补偿等市场化政策能够通过增加绿色企业的竞争优势与市场盈利率，鼓励企业技术创新与绿色生产。行政督察型环境规制政策主张通过政府环保行政系统内部人员、机构、职能、制度的优化调整，构建起"深绿色"规制体系，贯彻执行党中央的绿色发展理念，激励地方企业增加节能生态环保投入，推广绿色科技，清洁生产。

立法监控型环境规制政策的特征在于运用环境法律、标准、议案、文件等明确市场交易中利益相关者的环保权责义务，各方只能依规定控制或减少污染物的排放量，否则就会面临处罚以及法律与行政诉讼。为适应环境规制立法监控的要求，企业需要增加技术创新投入，革新生产技术与工艺，提高资源综合利用率，降低能源消耗与污染物的排放。社会参与型环境规制政策则主要通过环境伦理价值观的教育和基层社会组织的民主变革，将生态理念嵌入社会经济发展的制度安排中，促进公民自觉参与环保相关事务。基于此，本书提出如下假设：

H1：经济激励型环境规制较高的地区，企业技术创新水平相对较高。

H2：行政督察型环境规制较优的地区，企业技术创新水平相对较高。

H3：立法监控型环境规制较严的地区，企业技术创新水平相对较高。

H4：社会参与型环境规制较强的地区，企业技术创新水平相对较高。

二、模型设定与变量选择

（一）变量定义

1.解释变量——环境规制政策

目前学界尚未就环境规制政策的分类测量形成统一的标准与方法，已有研究依据不同标准对其进行如下划分：①根据政策生产的原因不同，将其划分为矫正市场失灵的内生性环境政策和克服政府规制失灵的外生性环境政策两类；②依据政策工具的作用路径，将其划分为环境法规、利用市场、创建市场和公众参与四类（世界银行，1997）；③基于权力运作方式，将其划分为显性环境规制政策和隐性环境规制政策两类（赵玉民、朱方明，2009）；④按照政府行为差异，将其划分为命令控制、经济激励、社会参与等（彭海珍、任荣明，2003；王红梅，2016）。

尽管已有学者研究表明环境规制政策是由复杂多样的政策工具群组成，但在分类测量方面，鲜有学者采用科学系统化方法对多种规制政策进行分类测量，多数研究或是讨论某一类环境规制政策（诸如环境治理投资、排污费等），或是以综合环境规制指数（诸如去污达标率、能源强度等）代替规制政策，考量其对企业技术创新的影响，较少或基本没有辨析不同类型环境规制政策的技术创新效应。

结合近年来中国环境规制政策的本土实践，参照学者已有研究，本书将环境规制政策划分为经济激励型、行政督察型、立法监控型与社会参与型四类：

经济激励型环境规制政策方面，本书选择以各省级地区每年出台的环境经济政策（包含环境财税、绿色贸易、生态补偿等政策）数量（EPQ）衡量经济激励型环境规制政策的多样性，用地方排污费解缴入库户金额与排污费解缴入库户数的比值（SCR）衡量经济激励型环境规制政策的激励强度。

行政督察型环境规制政策方面，本书选择用环保行政系统人员的素质（GPQ）（即各省环保系统人员中级职称和高级职称人员占比）衡量政府环境规制能力的高低，用政府制度质量（GSQ）（即《中国市场化指数》中"政府与市场的关系指数"同"市场中介组织的发育和法律制度环境指数"的平均数）衡量政府环境行政服务系统的优化程度。

立法监控型环境规制政策方面，本书选择用各年地方有效的环境法规规章数量(ELN)衡量立法监控型环境规制政策的严厉性,用地方单位人口人大与政协的环保提案数(EPN)衡量立法监控型环境规制政策的严密性。

社会参与型环境规制政策方面,用地方环境宣传教育次数(PET)衡量社会生态价值观教育水平的高低,用地方单位人口环境信访办结数(PLV)衡量社会民主参与、生态对话的程度。

2.被解释变量——企业技术创新水平

人类发展史中数次重大的经济革命都是以技术革命为引擎,技术创新日益称为现代经济增长的重要驱动力。技术创新通过将新的科技发明专利导入经济生产体系,推动劳动力、土地、资本等生产要素优化与整合,影响和重塑着人类的生产与消费行为。目前学术界主要从两个层面衡量企业技术创新水平,一是用企业科研创新经费或创新人员的投入为衡量指标;二是以新产品销售收入或申请发明专利数等产出指标为衡量标准。相比创新投入指标,企业拥有的发明专利数更直接反映了企业技术创新绩效以及新产品的市场终端应用与扩散能力。因此,本书选择用每百个工业企业的发明专利项目数(项)度量企业技术创新水平的高低,用 TE 表示。同时,考虑到在由低碳社会向后碳社会转型的过程中,企业绿色技术创新扮演着更为重要的角色,本书选择用单位能耗产生的工业增加值(万元/万吨标准煤)衡量企业绿色技术创新水平,用 GTE 表示,该指标值愈大,意味着单位工业增加值的能耗愈低,经济增长集约化的水平愈高,经济绿色增长的潜力愈大。

(二)模型构建

在构建环境规制政策影响企业技术创新的面板数据回归模型的过程中,为了尽可能弱化诸多变量间数值差异造成的异方差问题,增加平稳性,减少量纲影响,本书对所有变量均进行对数化处理,并建立如下回归模型:

$$\ln TE_{it}=\alpha_0+\alpha_1\ln EPQ_{it}+\alpha_2\ln SCR_{it}+\alpha_3\ln GPQ_{it}+\alpha_4\ln GSQ_{it}+\alpha_5\ln ELN_{it}+\alpha_6\ln EPN_{it}+$$

$\alpha_7 \ln PET_{it} + \alpha_8 \ln PLV_{it} + \varepsilon i + V_t + u_{it}$ ①

$$\ln GTE_{it} = \beta_0 + \beta_1 \ln EPQ_{it} + \beta_2 \ln SCR_{it} + \beta_3 \ln GPQ_{it} + \beta_4 \ln GSQ_{it} + \beta_5 \ln ELN_{it} + \beta_6 \ln EP-N_{it} + \beta_7 \ln PET_{it} + \beta_8 \ln PLV_{it} + \eta_i + \mu_t + \psi_{it}$$ ②

公式①表示异质化环境规制政策对于地方企业技术创新水平的影响，式中下标 i 表示省份，t 表示年份，ε_i 是个体效应，V_t 是时间效应，u_{it} 是随机误差项；公式②表示异质化环境规制政策对于地方企业绿色技术创新水平的影响，式中下标 i 表示省份，t 表示年份，η_i 是个体效应，μ_t 是时间效应，ψ_{it} 指随机误差项。

三、数据来源与描述性统计

（一）数据来源

2005 年末，依据"十五"计划的要求，中国主要污染物排放量应比"九五"末期降低 10%，但实践数据显示中国环境指标并未达标，重点流域中仅有淮河流域完成 COD 削减指标，二氧化硫的排放量不减反增，较 2000 年上升 27%。为尽快转变高污染高耗能的经济增长模式，提高环境规制绩效，2006 年国家"十一五"规划进一步强化了节能减排指标，要求五年间单位国内生产总值能耗需缩减 20%左右。为此，国家环保部门于 2007 年左右全面启动多项环境治理政策，中国环境规制政策由此开始正式实现由行政管制主导向多元规制共同发力的转变。历经十年时间，多元化环境规制政策作为践行绿色发展理念的关键举措，在转变经济增长模式，推动国民经济绿色增长的过程中究竟是否发挥作用、发挥着怎样的作用以及如何发挥作用，是亟须度量的问题。

因此，本书选择 2007—2016 年中国 30 个省级行政区域为研究样本（西藏地区指标数据严重缺失,在定量分析中予以剔除),总计获得300份样本数据。面板模型中每百个工业企业拥有的发明专利项目数、单位能耗产生的工业增加值的原始数据来自《中国科技统计年鉴(2008—2017)》《工业企业科技活动统计资料(2008—2017)》《中国统计年鉴(2008—2017)》《中国能源统计年鉴(2008—2017)》。各省级地区每年颁布的环境经济政策指标的原始数据来源于国家环境规制院编写的《全国"十一五"环境经济政策实践与进展评估》、各年《国家环境经济政策进展评估报告》以及各省环保网站的搜索与统计。计算地方排污费解缴力度、环保行政人员素质、环境法规数量、环保提案项目、绿色宣教次数、环境信访指标所需的原始数据均来自《中国环境年鉴(2008—2017)》与《中国统计年鉴(2008—2017)》。政府制度质量的原始数据则源自《中国市场化指数》,缺失年份测算制度质量指标所需的数据采用趋势外推法予以补齐。

(二)描述性统计与相关分析

运用STATA13.0软件,本书对地区企业技术创新与环境规制政策相关指标变量的自然对数进行描述性统计分析,结果见表6-1。被解释变量企业技术创新指标(lnTE)与绿色技术创新水平指标(lnGTE)的最大值分别为6.877605、9.254481,最小值分别为2.073172、7.11938,标准差分别为0.8138501、0.4806902,说明样本区间内各地企业技术创新水平与绿色技术创新水平均具有显著差异,并且技术创新水平的差异性更大。解释变量中社会参与型环境规制中的地方环境宣教次数(lnPET)、公民信访指标(lnPLV)的自然对数标准差相对较大,意味着各省社会参与水平存在显著差异。行政督察型环境规制中的环保行政系统人员素质(lnGPQ)与政府制度质量指标(lnGSQ)的自然对数标准差相对较少,意味着与其他类型环境规制政策相比,各省政府环保行政系统人员、职能、机构、体制的设置可能存在一定的趋同性。

表6-1 环境规制与技术创新主要变量的描述性统计分析

变量	观测值	均值	标准差	最小值	最大值
lnTE	300	4.484192	0.8138501	2.073172	6.877605
lnGTE	300	8.395893	0.4806902	7.11938	9.254481
lnEPQ	274	1.245791	0.7899261	0	3.135494
lnSCR	300	10.81504	0.6857498	9.174829	12.63868
lnGPQ	300	2.978851	0.383116	2.035189	3.557246
lnGSQ	300	1.68182	0.4382278	0.5822156	2.601207
lnELV	299	2.812988	0.7593723	0	4.510859
lnEPN	300	2.2909415	0.7491355	−0.8712934	4.174152
lnPET	298	5.505358	1.014339	0	7.50769
lnPLV	300	3.949987	1.227103	−2.348991	6.90391

在运用面板数据模型分析之前,本书对主要变量进行 Pearson 相关分析(结果见表6-2)。被解释变量地区企业技术创新水平(lnTE)与经济激励型、社会参与型两类环境规制政策的相关关系较其他指标更为显著,与立法监控型环境规制政策的相关关系则不显著,且企业技术创新水平同各类环境规制政策间既存在正相关关系,亦存在负相关关系,并且正向影响系数更大。被解释变量企业绿色技术创新水平(lnGTE)与除排污费指标(lnSCR)以外的其他环境规制政策变量均呈现较为显著的正相关关系,且与行政督察型环境规制、社会参与型环境规制政策的相关系数较大。企业技术创新与环境规制政策变量的 Pearson 相关分析亦显示,较企业技术创新水平而言,环境规制政策与企业绿色技术创新水平的正相关性更为显著,说明环境规制政策的实施对于企业绿色技术创新行为具有较强激励作用。

表 6-2　环境规制与技术创新主要变量的 Pearson 相关分析

变量	lnTE	lnGTE	lnEPQ	lnSCR	LnGPQ	lnGSQ	lnELV	lnEPN	lnPET	lnPLV
lnTE	1.000									
lnGTE	0.1601***	1.000								
lnEPQ	0.3242***	0.2988***	1.000							
lnSCR	-0.1347**	-0.0856	0.0737	1.000						
lnGPQ	0.1001*	0.2418***	0.0711	-0.1948***	1.000					
lnGSQ	0.4744***	0.6671***	0.3468***	-0.2961***	0.3671***	1.000				
lnELV	0.0400	0.3402***	0.1906***	0.1003*	0.2321***	0.2692***	1.000			
lnEPN	-0.0548	0.1985***	0.1385**	0.1097*	0.2513***	0.0550	0.1255**	1.000		
lnPET	0.2161***	0.4405***	0.2563***	0.0052	0.1961***	0.3658***	0.3084***	0.2679***	1.000	
lnPLV	-0.2258***	0.4129***	0.0024	0.2083***	0.2220***	0.0710	0.2398***	0.4035***	0.2379***	1.000

（注：*，**，*** 分别表示在 10%，5%，1%显著水平上显著）

四、模型计量结果及解释

(一)整体样本的计量结果及解释

利用中国 2007—2016 年 30 个省级行政区域企业技术创新、绿色技术创新以及环境规制政策的面板数据对公式①和公式②进行回归分析,Hausman 检验结果显示随机效应模型的估计不一致,固定效应模型更为合适。表6-3 的回归结果整体显示,不同类型环境规制政策对地方企业技术创新的影响具有显著差异性,经济激励型与立法监控型政策对于企业(绿色)技术创新水平的正向效应较为显著, 而行政督察型与社会参与型政策对企业技术创新的负向效应更为显著。具体而言, 各地每年颁布的环境经济政策指标($\ln EPQ$)、排污费指标($\ln SCR$)、政府制度质量指标($\ln GSQ$)以及人大与政协的环保提案指标($\ln EPN$)与企业技术创新水平呈显著的正相关关系,相关系数分别为 0.1474472、0.220312、0.3689864、0.1249583。

经济激励型政策对企业技术创新的正向效应说明,2007 年以来,以环境财政、绿色贸易、生态补偿、环境税费等为代表的环境经济政策的实施显著影响着企业成本收益曲线,激励企业革新生产技术与工艺,优化投入产出效率。政府制度对企业技术创新的正向效应说明,环境规制职能、机构、体系的优化设置能够为企业运行营造良好的政务环境, 有效降低企业生产经营的市场交易成本和外部风险,让企业在自由市场竞争中竞相进行技术创新。人大与政协环保提案指标($\ln EPN$)对企业技术创新的正向效应则说明,在中国特色社会主义政治体制下,人大与政协作为中国公共政策民主化、合法化的重要路径之一,其环保提案既能促进环境政策决策的民主化,亦有助于提高公民环境权益的法律位阶,能够透过立法体制内的政治压力,规范生产厂商的排污行为,促使其为降低污染,改进资源要素利用率,增加科技创新投入。

与此同时,环保系统人员的素质指标(lnGPQ)、公民信访指标(lnPLV)与企业技术创新呈显著性负相关关系,相关系数分别为–1.699265、–0.2287378,意味着各省按照"三定方案"配置环保系统人员尚不能有效满足环境规制政策实践的现实需要,并在一定程度上抑制着公民环境信访指标对企业技术创新潜在的正向影响,公民反馈的环境问题得不到环保系统人员及时准确地反馈,造成二者与企业技术创新之间的负相关关系。此外,模型中各年地方环境法规指标(lnELN)、环境宣教指标(lnPET)与企业技术创新之间呈现非显著性正相关关系,说明未来一段时期内需要严格环境保护相关法规,充实环境行政执法依据,强化绿色宣传教育,提升公众的环保意识。

根据表6–3,对比环境规制政策对企业技术创新水平(lnTE)与绿色技术创新水平(lnGTE)的影响能够发现,在八种具体化规制政策实践中,环境经济政策指标(lnEPQ)、排污费缴纳指标(lnSCR)、人大与政协环保提案指标(lnEPN)对技术创新两项指标均会产生显著性正向影响,各年地方环境法规指标(lnELN)不会显著影响企业技术创新水平,但对于企业绿色技术创新水平却有显著性正向影响,影响系数为0.0749179,而公民信访指标(lnPLV)对二者的作用方向相反,会显著促进企业绿色技术创新水平的提高,环境宣教指标(lnPET)对二者的影响均不显著。

一般而言,在经济发展实践中,企业技术创新水平提高会显著提高行业生产效率,但行业生产效率的提高、生产规模的扩张亦会造成资源需求总量的增多,资源耗费总量的增长,资源耗费量的剧增将引发环境污染物排放量的增多。人类史上环境问题产生与发展与产业革命以来技术进步带来的生产规模扩张与工业化进程加速息息相关。与仅仅追求生产效率、经济效益的传统技术创新不同,企业绿色技术创新将资源环境效益与经济产出绩效置于同等地位,强调商品设计、生产、消费等环节的低能耗、零污染、再循环等,更直观地反映着经济增长的持续性。

因此,环境规制政策对企业技术创新尤其是企业绿色技术创新的积极促进作用彰显出当前中国的经济激励型政策、立法监控型政策以及社会参与型政策,整体上能够促进中国经济绿色增长,但行政督察型政策尚不能有效促进企业(绿色)技术创新水平的提高,意味着环境规制政策系统尚需完善。

表6-3　环境规制政策对地方企业(绿色)技术创新的影响

变量	企业技术创新 lnTE(FE)	企业绿色技术创新 lnGTE(FE)
lnEPQ	0.1474472***	0.0377265**
	(3.34)	(2.53)
lnSCR	0.220312***	0.1016646***
	(2.68)	(3.67)
lnGPQ	−1.699265***	−0.0358156
	(−3.51)	(−0.22)
lnGSQ	0.3689864**	−0.0013605
	(2.13)	(−0.02)
lnELV	0.0321362	0.0749179***
	(0.43)	(3.01)
lnEPN	0.1249583**	0.0533545***
	(2.09)	(2.64)
lnPET	0.0399555	0.0086788
	(0.97)	(0.63)
lnPLV	−0.2287378***	0.0568312***
	(−6.95)	(5.12)
常数项	6.685684***	6.783025***
	(3.78)	(11.38)
N 值	272	272
F 值	11.65***	23.38***
Hausman test	22.97***	98.95***

(注:系数值后括号内为 z 值,*,**,*** 分别表示在 10%,5%,1%显著水平上显著)

(二)分区域样本的计量结果及解释

改革开放以来,在"分阶段、分步走、摸着石头过河"的渐进式改革背景下,中国经济发展呈现区域间非均衡增长的显著特征,区域间企业技术创新水平与绿色技术创新水平存在显著差异。本书运用STATA13.0软件对东部11个省域、中部10个省域以及西部9个省域(西藏除外)2007—2016年企业技术创新与绿色技术创新指标的十年均值进行统计分析,结果如图6-1与图6-2所示,整体而言,中国的企业技术创新与绿色技术创新水平呈现波动上升趋势,东部企业(绿色)技术创新水平优于中西部地区,中部企业技术创新水平略滞后于西部,但绿色技术创新水平却远超于西部,且在2010年开始反超全国平均水平。(注:2011年中国企业技术创新水平呈现显著下滑,一方面是由于中国经济于2011年左右进入中低速增长的新阶段;另一方面由于2011年始《工业企业科技活动统计资料》中各地区企业基本情况中各地区工业企业数量统计口径(或指标)发生变化,工业企业数量较2010年显现迅猛增加。)

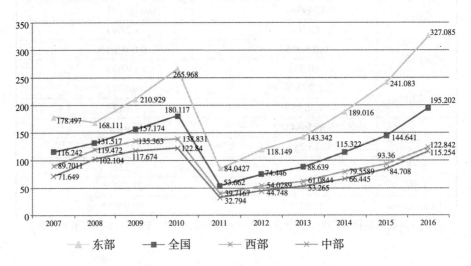

图6-1 2007—2016年分区域企业技术创新水平(TE)均值

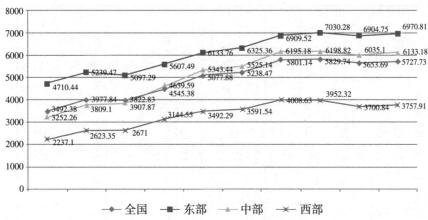

图 6-2　2007—2016 年分区域企业绿色技术创新水平（GTE）均值

　　鉴于区域间企业技术创新水平与绿色技术创新水平具有显著性差异，本书分别以东部、中部、西部地区的省域数据为样本，分地区检验了环境规制政策对企业（绿色）技术创新的影响，结果如表 6-4 所示。就环境规制政策对企业技术创新的区域影响而言，西部环境规制政策的企业技术创新效应最优，东部次之，中部较弱。八种具体化环境规制政策中，环境经济政策指标（lnEPQ）对于三地区企业技术创新指标（lnTE）均会产生显著正向影响，公民信访指标（lnPLV）对三地区企业技术创新指标（lnTE）均产生显著负向影响，排污费指标（lnSCR）与政府制度质量指标（lnGSQ）均会显著促进东西部地区企业技术创新水平的提高，人大与政协的环保提案指标（lnEPN）则能显著促进中西部地区企业技术创新水平的提高。就环境规制政策对企业绿色技术创新的区域影响而言，东部地区环境规制政策的绿色创新效应最优，中部与西部地区均较弱。

环境规制政策影响经济增长机理研究

表6-4 分地区环境规制政策对企业(绿色)技术创新的影响

被解释变量 / 解释变量	企业技术创新 lnTE			企业绿色技术创新 lnGTE		
	东部(FE)	中部(RE)	西部(RE)	东部(FE)	中部(RE)	西部(FE)
lnEPQ	0.15351**	0.269290***	0.151893***	0.045523***	0.0255429	0.0395897
	(2.31)	(2.66)	(2.59)	(2.81)	(0.65)	(1.30)
lnSCR	0.500275***	-0.1730631	0.269452***	0.0862241**	0.1104382**	-0.0613998
	(2.82)	(-1.61)	(3.62)	(1.99)	(2.19)	(-1.16)
lnGPQ	-2.74091***	0.3302157	-0.47100***	-0.2998441*	-0.0352883	-0.6424252
	(-4.02)	(1.37)	(-3.32)	(-1.80)	(-0.20)	(-1.24)
lnGSQ	0.8057716**	0.4151663	0.407152***	-0.1242025	0.1161534	0.00545856
	(2.23)	(1.32)	(3.59)	(-1.41)	(0.79)	(0.06)
lnELV	-0.0016953	0.1230051	0.0874797*	0.0765071*	0.0254938	0.0887803**
	(-0.01)	(1.09)	(1.71)	(1.75)	(0.54)	(2.11)
lnEPN	-0.1131963	0.300109***	0.1424436**	0.0510357**	0.0444182	0.0849818*
	(-1.14)	(2.57)	(2.01)	(2.11)	(0.96)	(1.95)
lnPET	0.0786964	0.0097376	0.048453	-0.0466044***	0.0708909**	0.0328263
	(1.13)	(0.13)	(1.11)	(-2.74)	(2.28)	(1.23)
lnPLV	-0.29995***	-0.3515405***	-0.20118***	0.0752252***	0.1463079***	0.0470877***
	(-4.63)	(-3.69)	(-6.19)	(4.75)	(4.15)	(2.67)
常数项	7.053103**	4.480573***	1.949314*	8.468807***	6.031483***	9.664402***
	(2.28)	(2.51)	(2.12)	(11.21)	(7.01)	(6.78)
观测值 N	104	92	76	104	92	76
F 或 Wald	9.24***	37.32***	111.52***	14.21***	79.08***	5.79***
Hausman test	24.71***			42.35***		358.98***

(注：系数值下小括号内为 t 值或 z 值，*，**，*** 分别表示在 10%，5%，1%显著水平上显著)

八种具体化环境规制政策中,公民信访指标(lnPLV)对三地区企业技术创新指标(lnTE)均产生显著正向影响,排污费指标(lnSCR)对东部与中部企业绿色创新水平均有显著正向影响,立法监控型两项指标(lnELV、lnEPN)对东部与西部企业绿色技术创新水平均有显著促进作用。分地区环境规制政策对企业(绿色)技术创新的作用结果显示,中国各地区环境规制政策具有显著差异,东部环境政策整体较优,中部环境政策的(绿色)技术创新效应较弱,西部环境政策虽然不会阻碍整体技术创新水平的提高,但尚不能有效激励绿色技术水平的提高。

结合 2007—2016 年中国分区域企业(绿色)技术创新水平的现实情况,可知目前中国区域间环境规制政策绩效的差异亦是造成区域间企业技术创新与绿色技术创新水平差异的重要原因,东部环境政策对企业(绿色)技术创新的积极促进作用,为其经济实现创新发展与绿色增长提供了良好的政策支撑,中西部(绿色)技术创新水平原本相对较弱,已有环境政策(绿色)技术创新效应又不显著,未来一段时期很难依靠现有的环境规制政策实现经济的高质量发展,亟须依据各自环境规制政策中存在的不足与缺陷对现有环境政策进行大幅度地优化与调整,以缩短与东部经济社会发展间的差距。

(三)分时段样本的计量结果与解释

如图 6-1 与图 6-2 所示,从 2007 年到 2016 年,中国各省企业技术创新指标(TE)的均值从 116.242 上升到 195.202,绿色技术创新(GTE)指标均值由 3482.38 增加到 5727.73,引发中国企业技术创新与绿色技术创新的因素是多方面的,本书重点从公共管理的角度探析环境规制政策对它们的影响。利用 STATA13.0 软件,对 2007 年至 2016 年中国各省各类环境规制政策指标均值进行了描述性统计分析(见表 6-5),统计结果显示 2007 年至 2016年,中国各类环境规制政策指标呈现波动上升的趋势,且经济激励型环境规制政策变动幅度较其他指标大，表明目前中国正努力构建经济激励主导型的环境政策系统解决经济发展中的资源环境问题。纵向层面环境规制政策的变迁必然会对市场技术创新与绿色创新产生不同影响，因此本书引入时期效应，以 2012 年为界，分时段检验了 2007—2011 年与 2012—2016 年各省环境规制政策对企业（绿色）技术创新的影响，结果如表 6-6 所示。

从时期效应来看，2007—2011 年各省环境规制政策的技术创新效应不佳，但排污费缴纳指标（lnSCR）、环境法规指标（lnELV）、环境宣教指标（lnPET）以及公民环保信访指标（lnPLV）对企业绿色技术创新有显著的正向影响。2012—2016 年的回归结果显示各省环境规制政策的绿色技术创新效应不佳，环境经济政策指标（lnEPQ），排污费缴纳指标（lnSCR），政府制度质量指标（lnGSQ）以及人大、政协环保提案指标（lnEPN）对企业技术创新水平产生积极的促进作用。

表 6-5　2007—2016 年中国各省环境规制政策指标的均值

政策工具	2007	2008	2009	2010	2011	2012	2013	2014	2015	2016
经济政策数量 EPQ	2	3.96667	3.56667	4.53333	1.83333	2.93333	3	6.73333	7.06667	7.66667
排污费缴纳 SCR	32753.4	40552	47229.4	52834.1	59250.5	63024.5	70938.5	76926.8	83721.2	99534.4
环保人员素质 GPQ	21.61	22.0253	21.2632	20.7745	20.7735	20.7731	20.7707	20.7689	20.7676	20.7703
政府制度质量 GSQ	7.3785	5.37833	5.41967	5.2345	5.26383	5.627	5.672	6.15667	6.26683	6.559
环境法律法规 ELV	16.6667	18	18.9	20.1	21.5	23.3333	22.9	24.3333	26.6333	22.1667
人大政协提案 EPN	9.39458	9.79448	8.44285	8.62645	9.74953	11.3785	13.9413	14.2728	13.6501	13.3359
环境宣传教育 PET	308.933	307.433	394.233	378.033	391.767	360.433	367.033	383.433	374.467	374.467
公民环境信访 PLV	31.2454	30.5254	30.1955	24.7793	213.292	108.87	105.672	99.9479	118.921	101.201

表6-6分时段各省环境规制政策对企业(绿色)技术创新影响的分析结果表明,当前中国环境规制政策能够在一定程度上推动企业技术创新水平提高,但对绿色技术创新水平的推动作用并不显著,意味着当前环境规制政策的实施虽然在短期内可能促进企业革新生产技术,提高资源产能利用率,但长期而言,可能引发企业生产规模的扩大,资源产能耗费总量的增加,环境污染与能源危机的加剧,阻碍市场主体的绿色转型与地区经济的均衡持续性增长。因此,为推动区域经济、社会、环境的长期协调发展,需要强化环境规制政策,更好地运用环境规制政策规范约束市场主体的生产经营行为,推动区域绿色技术创新水平的提高。

表6-6 分时段各省环境规制政策对企业(绿色)技术创新的影响

被解释变量＼解释变量	企业技术创新 lnTE		企业绿色技术创新 lnGTE	
	2007—2011（FE）	2012—2016（FE）	2007—2016（RE）	2012—2016（RE）
lnEPQ	0.0281741	0.1133532**	0.0370598	−0.0102863
	(0.26)	(2.59)	(1.51)	(−0.63)
lnSCR	0.3052335*	0.5932242***	0.911593**	−0.0787593**
	(1.80)	(5.23)	(2.43)	(−1.99)
lnGPQ	−1.08716	−27.22697**	0.0269355	0.1681843
	(−1.59)	(−2.22)	(0.24)	(0.96)
lnGSQ	−0.2401433	1.118992***	0.0679418	0.3119426***
	(−0.57)	(3.80)	(0.86)	(3.49)
lnELV	−0.0524588	−0.0023843	0.1940504***	0.035604
	(−0.13)	(−0.04)	(3.69)	(1.55)
lnEPN	0.1189296	0.1460859*	0.0136341	0.0421069
	(1.05)	(1.71)	(0.53)	(1.33)
lnPET	0.0150458	0.0137281	0.0340625**	0.0070954
	(0.23)	(0.24)	(2.15)	(0.33)
lnPLV	−0.3290873***	−0.2220663**	0.0443458	0.0121037
	(−5.91)	(−2.60)	(3.39)	(0.38)
常数项	5.853364*	77.24445**	6.200809***	8.091506***
	(1.94)	(2.11)	(11.98)	(11.60)

续表

被解释变量　　　　解释变量	企业技术创新 lnTE		企业绿色技术创新 lnGTE	
	2007—2011（FE）	2012—2016（FE）	2007—2016（RE）	2012—2016（RE）
观测值 N	127	145	127	145
F 或 Wald	6.29***	16.39***	79.39***	28.09***
Hausman test	24.93***	49.74**		

（注：系数值下小括号内为 t 值或 z 值，*，**，*** 分别表示在 10%，5%，1%显著水平上显著）

第二节　环境规制政策影响产业结构的实证检验

经济发展要求经济不断地从现有的产业向新的、资本密集度更高的产业拓展，以不断推进产业多样化与产业升级。如果仅仅依靠增加物质资本或者劳动投入来实现数量型增长，经济最终受到报酬递减的约束，偏离比较优势的经济绩效则相对较差。而且如果没有产业结构的变迁与升级，人均收入持续增加的余地亦会愈之缩小。反之，当一国持续调整经济结构以最大化地适应要素禀赋比较优势的变化，该国经济活力不断提升，经济剩余将随之增加，经济将具有卓越竞争力。[1]在一国产业结构变迁的过程中，自由竞争的市场机制被视为引导各国资源要素禀赋向高级产业转移的最优机制，但政策制定者也有义不容辞的责任，去找出经济发展所需要的促进生产力增长和产业结构变迁的最有效的途径。

诺贝尔经济学获得者 W.Arthur Lewis（1955）曾言："离开高明政府的正面激励，没有一个国家能获得经济进步"，中国经济学家林毅夫亦指出，在经济增长的过程中，发展中国家面临着更多的市场失灵，产业转型过程中承担

---

[1]　参见林毅夫：《新结构经济学——反思经济发展与政策的理论框架》，北京大学出版社，2012年，第 5 页。

着更大风险，政府部门需要在产业变迁中发挥十分重要的增长甄别和因势利导的作用。新时代，为了打破"资源诅咒"的束缚，将资源要素从低附加值的第一、二产业部门转移到高附加值的第二、三产业部门，寻求更具可持续性、包容性的经济增长方式，中国各级政府正努力推进供给侧结构性改革，调整产业结构，提升经济的质量和效益。在这一过程中，环境规制发挥着重要的作用，其能够通过设置市场进入壁垒、改变资源要素成本价格、刺激低碳环保产业发展等引导资源要素在不同产业间重新配置，不断淘汰低端落后型产业，推进市场经济的绿色转型与高质量发展。但在中国特色经济实践中，各省环境规制政策对产业结构的影响范围与程度需要进一步实证检验。

一、理论分析与研究假设

在既定的历史时期内，每个经济体的要素禀赋结构（劳动力、资本、土地等资源要素的总量）是有限的，在市场机制的作用下，经济沿着传统粗放型农业经济向现代集约型多元经济缓步前进。经济起步早期阶段，经济体内部自然资源相对充裕，在发展资源密集型产业的过程中具有比较优势，随着资源能源过度消耗，原先相对富余的自然资源日渐稀缺，经济发展早期积累的资本开始在经济发展过程中扮演更为重要的角色，在"雁行理论"的作用下，部分企业开始谋求新商机，转向发展利润率更高的资本密集型、技术密集型产业，并带动更多企业投资新兴产业，原有的资源密集型产业逐渐退变成边际产业，并依次被清理、转移至经济发展相对落后的地区。

在产业结构转型的过程中，由于制度惰性、技术风险、贸易保护、寻租腐败等问题的存在，单凭企业自身，困难重重，需要耗费较多的时间与成本，且转型结果面临较大的风险与不确定。现代政府的重要作用在于透过良好的制度安排（诸如产权保护、信贷扶持、信息服务、法治建设等），引导市场主体优化资源配置、调节生产结构,更好地发展"专、精、特、新"的上游高端产业。改革开放四十多年来,中国经济社会发展迅速,国家统计局调研数据显示,1978—2017年,我国经济总量占世界经济的比重由1.8%上升至16%,人均GDP由385元上升至59660元,世界经济信息网统计数据显示,中国人均GDP排名由世界第131名上升至第70名。中国经济的迅速发展在很大程度上得益于中国的人口红利、资源红利以及改革开放系列政策红利。

改革开放之初,为了吸引外资,扩大出口,中国凭借廉价的资源能源、劳动力,外向型经济政策,迅速成为世界级加工工厂,但2008年全球金融危机严重冲击着中国的进出口贸易,长期以来透支劳动、资本、土地、环境等要素成本换取经济增长数量的弊端日渐凸显。因此,2011年以来,为解决中国经济发展中的结构性失衡问题,探索如何借助多元化的环境规制政策在既有资源要素禀赋约束范围内刺激产品市场更新、产业链升级以及区域经济结构转型等迫在眉睫。

围绕"波特假说""污染避难假说""环境竞次竞争假说"等,国内外学者的研究表明环境规制政策会通过多种途径显著影响地区的产业竞争、产业区位、产业规模与贸易结构等。具体而言,以环境税费、排污权交易、绿色信贷为代表的经济激励型环境规制政策的实施会显著增加低端制造业生产成本,引发制造业终端产品价格的上升,弱化其市场竞争力,造成消费者外流,但对低碳节能产业以及服务业而言,受经济激励型环境规制政策的影响程度相对较低,甚至可能增加它们的比较优势,吸引更多资本涌入,行业生产规模因此扩大,从而刺激产业结构向高级化转变。以环境管制服务、环保规划、生态政治等为代表的行政督察型环境规制政策的实施,能够借助政治权力、政治资源、政治过程、政治活动等影响社会资源财富的配置方式,引导企业生产要素流向经营成本相对较低的地区,加速区域间产业转移以及国民经济结构的整体转型。

以环境法规、标准、议案等为代表的立法监控型环境规制政策的实施，会借助现代法治权威对高污染高耗能产业进行强制性清洗，加速市场优胜劣汰，优化产业经济效率，促进劳动、资源密集型低端产业向技术、知识密集型高端产业的转变。以生态教育、生态对话、生态民主等为社会参与型环境规制政策的施行，有助于引导公民树立健康、低碳、环保、绿色的消费理念，消费偏好与理念的转变，会引发市场需求与商品结构的变化，消费结构的变迁与升级，会驱动新能源、人工智能、环境服务新兴产业的发展。基于此，本书提出如下假设：

H5：经济激励型环境规制较高的地区，产业结构高级化水平相对较高。

H6：行政督察型环境规制较优的地区，产业结构高级化水平相对较高。

H7：立法监控型环境规制较严的地区，产业结构高级化水平相对较高。

H8：社会参与型环境规制较强的地区，产业结构高级化水平相对较高。

二、模型设定与变量选择

（一）变量定义

1.被解释变量——产业结构高级化水平

经济发展要求不断将新的、更好的技术知识引入现代产业部门，不断推进产业结构高级化的历史进程，否则人均收入就会如罗伯特·索洛在新古典经济增长模型中预测的那样停滞不前。（林毅夫，2012）[①]换言之，经济增长取决于产业结构，如果将生产要素从低附加值的产业部门转移到高附加值的产业部门，即使要素投入不变，经济依然能够实现增长。[②]面对日趋激烈的国

---

① 参见林毅夫：《繁荣的求索：发展中经济如何崛起》，北京大学出版社，2012年，第48页。

② 参见林毅夫：《解读中国经济》，北京大学出版社，2012年，第9页。

际竞争、风云聚变的国际环境以及错综复杂的大国博弈,越来越多的发展中国家意识到优化产业结构,增强自生能力,促进内生型经济增长是提高资本存量增长速度,摆脱贫困,获取经济成功的关键因素。一个国家或地区的产业结构升级是指要素禀赋从生产效率较低的产业部门转移至生产效率较高的产业部门的过程,产业结构变动反映着三次产业之间的增长率、就业人数、产值占国内生产总值的比例等方面的变动。目前学界尚未就产业结构高级化水平形成一致的测量标准,已有研究或是用三次业间产值、就业以及增长率的各自百分比去衡量产业高级化水平,或是自建综合性指标体系计算产业结构高级化指数。

本书选择用产业结构优化程度(IST)与产业结构变迁速度(ISU)两个指标测度地区产业结构高级化水平。产业结构优化程度(IST)指标用三次产业增加值各自占国内生产总值百分比分别依次乘以 1、2、3,然后加总求和表示,该指标数值越大,意味着高产值部门创造的收益越多,经济发展阶段则越高;产业结构变迁速度(ISU)指标用工业新产品销售收入(万元)表示,该指标越大,意味着产业创新、产业多样化的速度较快,能够在激烈的市场竞争中获取比较优势,加速不同产业间的更新换代。

2.解释变量——环境规制政策

与前文(6.1 小结)保持一致,用各省级地区每年出台的环境经济政策数量(EPQ)与地方排污费解缴入库户金额与排污费解缴入库户数的比值(SCR)表示经济激励型环境规制政策的多样性与激励强度;用环保行政系统人员的素质(GPQ)、政府制度质量(GSQ)衡量政府环境规制能力的高低与环境行政系统的优化度;用各年地方有效的环境法规规章数量(ELN)、地方单位人口(百万人口)人大与政协的环保提案数(EPN)测度立法监控型环境规制政策的严厉性、严密性;用地方环境宣传教育次数(PET)、地方单位人口(百万人口)环境信访办结数(PLV)度量各地环保生态教育水平与生态民主对话程度。

(二)模型构建

在构建环境规制政策影响产业结构的面板数据回归模型的过程中,为了尽可能弱化诸多变量间数值差异造成的异方差问题,增加平稳性,减少量纲影响,本书对所有变量均作出对数化处理。结合理论分析和研究假说,本书构建如下模型:

$$\ln IST_{it} = a_0 + a_1 \ln EPQ_{it} + a_2 \ln SCR_{it} + a_3 \ln GPQ_{it} + a_4 \ln GSQ_{it} + a_5 \ln ELN_{it} + a_6 \ln EPN_{it} + a_7 \ln PET_{it} + a_8 \ln PLV_{it} + \varepsilon_i + V_t + u_{it} \tag{③}$$

$$\ln ISU_{it} = b_0 + b_1 \ln EPQ_{it} + b_2 \ln SCR_{it} + b_3 \ln GPQ_{it} + b_4 \ln GSQ_{it} + b_5 \ln ELN_{it} + b_6 \ln EPN_{it} + b_7 \ln PET_{it} + b_8 \ln PLV_{it} + \eta_i + \mu_t + \psi_{it} \tag{④}$$

公式③表示不同类型环境规制政策对于地方产业结构优化程度的影响,式中下标 i 代表省份,t 代表年份,ε_i 是个体效应,V_t 是时间效应,u_{it} 是随机误差项;公式④表示不同类型环境规制政策对于地方产业结构变迁速度的影响,式中下标 i 代表省份,t 表示年份,η_i 是个体效应,μ_t 是时间效应,ψ_{it} 是随机误差项。

三、数据来源与描述性统计

(一)数据来源

《中国统计年鉴(2017)》显示,中国三次产业占 GDP 的比重由 1978 年的 9.8%、61.8%、28.4%依次转变为 2016 年的 4.4%、37.4%、58.2%,观察历年三次产业对中国 GDP 贡献率的变化可知,第三产业贡献率于 2015 年首次突破 50%,折射出近年来中国产业结构的重要变迁与经济增长动能的转换升级。新时代,促进中国经济结构转型的原因是多方面的,环境规制在其中扮演着何种角色,需要用数理统计的逻辑思维,查证事实,追踪证据,跟随线索,循证决策。为此,本书选用2007—2016年中国30个省级行政区域产业结构与环境规制的相关数据为研究样本(西藏地区指标数据严重缺失,在定量分析中予以剔除),构建面板模型,进行数理分析。模型中计算产业结构优化程度(IST)指标的原始数据取自《中国统计年鉴(2008—2017)》,产业结构升级速度(ISU)指标的原始数据源自《工业企业科技活动统计资料(2008—2017)》,与环境规制政策相关的数据与前文一致(详见6.1.3),主要来源于2008—2017年的《中国统计年鉴》《中国环境年鉴》《中国市场化指数》等。

(二)描述性统计与相关分析

运用STATA13.0软件,本书对地区产业结构与环境规制政策相关指标变量的自然对数进行描述性统计分析,结果如表6-7所示。被解释变量产业结构优化程度(lnIST)与产业结构变迁速度(lnISU)指标变量的最大值分别为1.028547、19.474,最小值分别为0.7428893、11.35813,标准差分别为0.052393、1.583582,说明样本区间内各地产业优化程度与产业变迁速度均存在显著差异,且产业变迁速度指标的差异性更大。

解释变量中环境宣教次数(lnPET)、公民信访指标(lnPLV)标准差相对较大,表示中国各地社会参与水平存在显著差异。环保行政系统人员素质(lnGPQ)与政府制度质量指标(lnPLV)标准差相对较少,表示各省(市)环保行政系统人员、职能、机构、体制的设置具有一定的趋同性。

表6-7　环境规制与产业结构主要变量的描述性统计分析

变量	观测值	均值	标准差	最小值	最大值
lnIST	300	0.8370655	0.052393	0.7428893	1.028547
lnISU	300	16.41053	1.583582	11.35813	19.474
lnEPQ	274	1.245791	0.7899261	0	3.135494
lnSCR	300	10.81504	0.6857498	9.174829	12.63868

变量	观测值	均值	标准差	最小值	最大值
lnGPQ	300	2.978851	0.383116	2.035189	3.557246
lnGSQ	300	1.68182	0.4382278	0.5822156	2.601207
lnELV	299	2.812988	0.7593723	0	4.510859
lnEPN	300	2.2909415	0.7491355	−0.8712934	4.174152
lnPET	298	5.505358	1.014339	0	7.50769
lnPLV	300	3.949987	1.227103	−2.348991	6.90391

在进行面板数据回归分析之前，本书对环境规制政策与地方产业结构相关变量进行了 Pearson 相关分析（结果见表 6-8），分析结果显示，被解释变量地区产业结构优化程度（lnIST）与除排污费指标（lnSCR）、环境法规指标（lnELV）之外的其他环境规制政策指标均呈显著的正相关关系，且与环保系统人员素质指标（lnGPQ）、政府制度质量指标（lnGSQ）的相关系数较大。被解释变量产业结构升级速度指标（lnISU）与除排污费指标（lnSCR）之外的其他环境规制政策指标均呈显著的正相关关系，且与政府制度质量指标（lnGSQ）、环保宣教次数指标的相关系数较大。与此同时，地方产业结构优化度与环境规制政策变量的 Pearson 相关分析亦显示，较产业优化程度而言，环境规制政策与产业变迁速度的正相关性更为显著，这在一定程度上说明环境规制政策的实施有助于加速地区产业创新、产业升级。

表6-8 环境规制与产业结构主要变量的 Pearson 相关分析

变量	lnIST	lnISU	lnEPQ	lnSCR	LnGPQ	lnGSQ	lnELV	lnEPN	lnPET	lnPLV
lnIST	1.000									
lnISU	0.4289***	1.000								
lnEPQ	0.3382***	0.3852***	1.000							
lnSCR	0.0567	-0.0488	0.0737	1.000						
lnGPQ	0.3147***	0.2564***	0.0711	-0.1948***	1.000					
lnGSQ	0.5188***	0.7458***	0.3468***	-0.2961***	0.3671***	1.000				
lnELV	0.0188	0.4379***	0.1906***	0.1003*	0.2321***	0.2692***	1.000			
lnEPN	0.1410**	0.1431**	0.1385**	0.1097*	0.2513***	0.0550	0.1255**	1.000		
lnPET	0.2703***	0.5241***	0.2563***	0.0052	0.1961***	0.3658***	0.3084***	0.2679***	1.000	
lnPLV	0.1175**	0.3054***	0.0024	0.2083***	0.2220***	0.0710	0.2398***	0.4035***	0.2379***	1.000

（注：*，**，***分别表示在10%，5%，1%显著水平上显著）

四、模型计量结果及解释

（一）整体样本的计量结果及解释

利用 2007—2016 年中国 30 个省级行政区域产业结构优化程度、产业结构变迁速度以及环境规制政策的相关数据对公式③与公式④进行回归分析,Hausman 检验显示随机效应模型更为合适。表 6-9 的回归结果整体显示,当前中国环境规制政策能够显著推进地区产业结构的优化升级,并且不同类型环境规制政策对地方产业结构高级化的影响具有较大差异性,经济激励型与立法监控型政策对于地方产业结构高级化的正向影响更为显著,影响系数较其他指标系数高。

具体而言,各省每年出台的环经政策数量(lnEPQ),排污费缴纳(lnSCR),政府制度质量(lnGSQ),人大、政协环保提案(lnEPN)以及公众环境信访(lnPLV)五项指标均对地方产业结构优化程度(lnIST)产生显著的正向影响,影响系数分别为 0.0073168、0.0168898、0.026003、0.0048683、0.003194,其余自变量对地方产业结构优化程度产生非显著性负向影响。

与环境规制政策的技术创新效应类似,其产业效应亦表明当前中国经济激励型环境政策的实施取得较为显著的成效。究其原因,2007—2016 年,中国 30 个省区省级部门每年出台的环境经济政策均值由 2 上升为7.66667,排污费解缴力度均值由 32753.4 上升至 99534.4,相较于其他环境规制政策而言,仅有经济激励型环境规制政策(EPQ、SCR)平均值历经十年增加三倍之多。环境经济激励政策数量的增多与力度的提升意味着政府部门愈能够借助低成本、多样化市场手段,纠正资源环境领域的市场失灵,引导资源要素更多流入效益高、污染小的高、精、尖产业,促进产业结构积极转型与区域经济绿色增长。

政府制度质量指标(lnGSQ)对产业结构优化程度的影响系数最高,说明较其他环境规制政策指标而言,政府制度质量改善对于提升产业结构高级化水平能够产生更为立竿见影的效果,原因在于良好的环保机构、职能、人员的设置是政府其他类型环境规制政策顺利实施的重要保障,环保政务系统的改进优化是降低政策交易成本、提高环境规制绩效,促进产业结构转型与区域经济可持续发展的重要前提。

人大、政协环保提案指标(lnEPN)对地方产业结构优化程度的促进作用,意味着通过自下而上的公共政策议程将分散于基层社会的环保需求汇集上升为高层合法化的环境政策目标与方案,有助于明晰地区经济发展中的资源配置的优先顺序,加速淘汰高耗能、高污染的低端产业,促进地区产业结构的优化升级。公众环境信访指标(lnPLV)对地方产业结构优化程度(lnIST)的正向影响,说明公众环保信访次数频繁的地区,产业结构水平相对较优。环境信访频繁的地区,公众健康环保意识比较强烈,对于可持续发展问题的关注度较高,他们既能够通过自发性的社会监督,减少环保领域企业的机会主义行为,促进企业生产的绿色转型,亦能够有效刺激绿色消费需求的增长,带动区域低碳、环保型产业发展。

根据表6-9,比较中国环境规制政策对产业结构高级化两项指标的影响能够发现,其对产业结构变迁速度(lnISU)的正向影响更为显著。八项具体化环境规制政策指标,仅有环保系统人员素质指标(lnGPQ)与其呈非显著正相关关系,其余变量均能够显著促进地方产业结构变迁速度的提高,并且政府制度质量指标(lnGSQ)的影响系数仍为最高,而地方环境法规与环境宣教次数两项指标对产业结构的优化程度(lnIST)影响不显著,对产业结构变迁速度(lnISU)却具有显著正向影响。

《中国统计年鉴》显示,2000—2007年,国家第二产业比重由59.6%降低为 50.1%，第三产业比重由 36.2%增长到 47.3%，产业结构日趋合理化。但 2008 年全球金融危机爆发后，中国政府实施了四万亿计划，政府主导的大规模投资在一定程度扭曲了经济结构，阻碍了产业间结构调整，[①]2008—2011 年，第二产业比重由 48.6%增加到 52.0%，第三产业比重由 46.2%下跌为 43.8%，二、三产业比值差距被拉大。

2012 年以来，在习近平新时代中国特色社会主义经济思想的引领下，围绕高质量的发展理念，中国采取多项措施深化了资源要素市场化改革，改善供给结构，以适应消费需求结构的升级。

因此，2012 年以来，中国第一、二产业比重稳步下降，第三产业比重稳步上升，至 2017 年三次产业增加值占 GDP 比重依次为 7.9%、40.5%、51.6%，产业结构整体趋优。中国产业结构变迁的历年数据显示，目前中国正进入第三产业领跑经济发展的关键时期，若政府对市场经济干预有偏，二、三产业比重关系可能再次被逆转。2007—2016 年，环境规制政策的产业高级化效应分析结果显示，环境规制政策强化能够增加新产品销售收入，促进产业创新、产业多元化，提升产业变迁速度，但对产业结构优化程度的影响相对弱些。产业变迁并非产业优化的充要条件，产业变迁是产业优化的前提，但是变迁的结果不一定是产业优化，如第一、二产业比例持续增加亦代表着产业结构发生变迁，但其会导致产业结构退化。只有当产业结构变迁表现为资源要素持续从产业连续谱的低端升至高端，单位投入产出更高时，产业结构加速变迁才能促进产业结构优化。

因此，剖析环境规制政策对产业变迁速度的影响时，需要进一步辨别市场上新产品是否符合可持续发展要求、产业结构多元化是否提升了产业效率、产业结构变迁方向是否由低级向高级等。

---

① 参见毛振华、袁海霞：《转型与发展：中国经济与政策十年》，《当代经济管理》，2016 年第 10 期。

表 6-9　环境规制政策对地方产业结构高级化的影响

变量	产业结构优化程度 lnIST(RE)	产业结构变迁速度 lnISU(RE)
lnEPQ	0.0073168***	0.1049291***
	(4.85)	(2.62)
lnSCR	0.0168898***	0.2982591***
	(6.14)	(4.12)
lnGPQ	−0.0079775	0.081768
	(−0.64)	(0.27)
lnGSQ	0.026003***	0.6360046***
	(4.62)	(4.34)
lnELV	−0.0001893	0.1889804***
	(−0.08)	(2.90)
lnEPN	0.0048683**	0.1123681**
	(2.42)	(2.11)
lnPET	−0.0006299	0.0670033*
	(−0.45)	(1.82)
lnPLV	0.003194***	0.1501797***
	(2.86)	(5.07)
常数项	0.6065029***	9.99545***
	(12.19)	(8.09)
观测值 N	272	272
Wald 值	180.52***	201.52***

（注：系数值后括号内为 z 值，*，**，*** 分别表示在 10%，5%，1%显著水平上显著）

（二）分区域样本的计量结果及解释

使用 STATA13.0 软件对东部 11 省、中部 10 省以及西部 9 省（西藏除外）2007—2016 年地方产业结构优化程度与产业结构变迁速度指标十年均值进行统计分析，结果如图 6-3 和图 6-4 所示，中国的产业结构高级化水平呈稳步上涨趋势，东部的产业优化水平与变迁速度均高于中西部，中部产业优化水平略滞后于西部，差距日渐缩小，但产业变迁速度却远超于西部。与此同时，三地区间产业结构高级化水平差距日渐扩大，尤其是产业结构变迁速度指标间差距更为严峻,东部产业结构高级化进程比较迅速,西部产业结构高级化进程非常缓慢,地区间经济发展不平衡问题在短期内难以消除。

　　鉴于此,本书分别以东、中、西三地的省域数据为样本,运用STATA13.0软件分区域检验了不同类型环境规制政策对地区产业结构的影响(结果见表6-10),并据此探讨能否通过环境规制政策的优化,提升中西部地区产业结构高级化水平,缩小地区间发展水平的差异,助力区域经济协调发展。

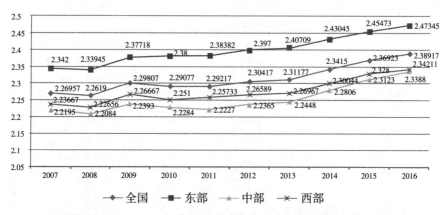

图6-3　2007—2016年分区域地方产业结构优化程度(IST)均值

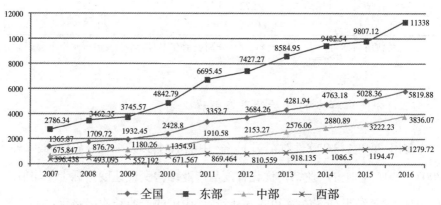

图6-4　2007—2016年分区域地方产业结构变迁速度(ISU)均值
(注:图6-4单位为亿元,文中分析单位为万元)

　　环境规制政策影响地方产业结构高级化的分地区回归结果显示,东部地区环境规制政策的产业结构高级化效应最优,西部次之,中部较弱。就环境规制政策对产业结构优化程度的区域影响而言，八种具体化环境规制政策中，仅有排污费指标(lnSCR)对于三地区产业结构优化程度(lnIST)均会产生显著正向影响，环境经济政策指标(lnEPQ)会显著改善东西部产业结构优化程度，而环保系统人员素质指标(lnGPQ)会显著阻碍两地区产业结构优化程度的提升，政府制度质量指标(lnGSQ)会显著促进东部与中部地区产业结构优化程度的提高。就环境规制政策对产业结构变迁速度的区域影响而言，八种具体化环境规制政策中，仅有环境法规指标(lnELV)对于三地区产业结构变迁速度(lnISU)均会产生显著正向影响，排污费指标(lnSCR)与公民信访指标(lnPLV)能够显著促进东部和中部地区产业结构变迁加速，政府制度质量指标（lnGSQ）能够显著促进东西部产业结构变迁加速，环境宣教指标(lnPET)则会显著促进中西部产业变迁速度的提升。

分地区环境规制政策对地方产业结构变化的影响结果表明，中国各地区环境规制政策具有显著差异，中西部已有的环境规制政策尚不能有效刺激产业结构变迁，产业结构变迁速度缓慢制约了中西部产业结构的优化升级，并进一步拉大其与东部的经济差距。究其原因在于，中西部较为滞后的环境规制水平影响了环境规制经济效应的发挥，以各省级地区每年环境经济政策指标(EPQ)为例，东部、中部与西部2007—2016年均值为6.409094、3.05、3.2111，东部产业高级化水平起点高，支撑经济转型的资源相对丰富(如雄厚的资金、良好的教育、便捷的交通、先进的科技等)，高水平环境规制政策发挥着"锦上添花"的作用，加速了其产业结构的变迁与优化，中西部产业结构高级化水平起点低，支撑经济转型的资源相对匮乏，为了获取经济增长数量，通常选择实施低水平的环境规制，以"资源"换"经济"，低水平的环境规制政策无法发挥"雪中送炭"的效用，对高耗能高污染企业"听之任之"，显然不利于其产业结构转型与经济的持续性增长。

表6-10 分地区环境规制政策对地方产业结构高级化的影响

被解释变量 解释变量	产业结构优化程度 lnIST			产业结构变迁速度 lnISU		
	东部(FE)	中部(RE)	西部(RE)	东部(FE)	中部(RE)	西部(FE)
lnEPQ	0.0068629*** (4.16)	0.0029111 (0.79)	0.0098518*** (3.32)	0.08201 (1.16)	0.490456 (0.68)	0.1704407 (1.13)
lnSCR	0.0190211*** (4.32)	0.0206512*** (4.52)	0.0179961*** (3.48)	0.2901123** (2.14)	0.5633835*** (5.69)	0.0903754 (0.47)
lnGPQ	-0.054408*** (-3.21)	0.0107439 (0.75)	-0.129894** (-2.58)	0.9659573*** (3.02)	1.129703 (1.40)	-1.684021*** (-4.60)
lnGSQ	0.0189304*** (2.11)	0.0260273* (1.94)	0.0081211 (0.88)	1.067031*** (3.44)	0.2103175 (0.72)	1.664662*** (5.69)
lnELV	-0.0028732 (-0.65)	0.0065056 (1.49)	-0.0049499 (-1.20)	0.5240294*** (3.72)	0.1684633* (1.96)	0.466447*** (3.55)
lnEPN	0.0017314 (0.70)	0.0078574* (1.82)	0.0056739 (1.33)	0.0700366 (0.71)	0.0639578 (0.72)	0.1905196 (1.04)
lnPET	-0.0006727 (-0.39)	-0.002304 (-0.80)	-0.0017796 (-0.68)	0.0483569 (0.65)	0.1305197** (2.32)	0.2917804*** (2.59)
lnPLV	0.0053114*** (3.30)	-0.0004037 (-0.12)	0.0006269 (0.36)	0.2060432*** (2.96)	0.1776578*** (2.64)	0.0657345 (0.79)
常数项	0.7770198*** (10.12)	0.4901954*** (6.42)	0.9645973*** (6.94)	6.228093*** (3.60)	4.523061 (1.65)	12.90046*** (5.44)
观测值 N	104	92	76	104	92	76
F或Wald	23.74***	48.20***	5.72***	155.67***	20.04***	151.91***
Hausman test	36.60***	61.67***		155.67***	1035.96***	

（注：系数值下小括号内为t值或z值，*，**，***分别表示在10%,5%,1%显著水平上显著）

(三)分时段样本的计量结果与解释

如图 6-3 与图 6-4 所示,2007—2016 年,中国各省域地方产业结构优化程度(IST)均值由 2.26957 上升至 2.38917,变动幅度较小,产业结构变迁速度指标(ISU)均值由 1365.87 增加到 5819.88,变动幅度较大。新产品产值的日渐增加、商品结构的交错更迭、市场结构的多样化为何没能推动中国地方产业结构的迅速升级发人深思。

本书引入时期效应,以 2012 年为界,分时段检验了 2007—2011 年与 2012—2016 年各省环境规制政策对产业结构高级化的影响,结果如表 6-11 所示。2007—2011 年,各省环境规制政策对于产业结构变迁速度(lnISU)会产生较为显著的正向效应,对于产业结构优化程度(lnIST)的影响整体不显著(仅有环保系统人员素质(lnGPQ)对其有显著的负向影响)。与之相对,2012—2016 年,各省环境规制政策对产业结构优化程度(lnIST)能产生较显著的正向效应,但对产业变迁速度(lnISU)的影响较前一时期下降许多。这可能与中国传统经济发展的模式密切相关,长期以来,中国沿袭着"先数量,后质量"的发展步骤,当经济增速遭遇数量瓶颈时,国家才开始重视调整结构,提升经济质量。

在环境规制政策实施初期,新政策必然打破市场原有的均衡,释放出新的经济增长点,引发资源要素间重新配置,加速市场结构与产业结构的变化,但环境规制政策试行初期亦存在较多风险,新政策标准含糊不清,政策手段单一、施行自由度较高,极易滋生政策灰色地带,造成资源要素市场扭曲,产业结构的退化。随着时间的推移,环境规制政策手段日益多元化、施行方式更为标准规范,环境寻租空间日渐缩小,环境规制政策促进地方产业结构优化升级的后发优势将会日渐凸显。与此同时,环境政策实施早期带来产业变迁效应亦会作用于产业结构优化,在环境规制与产业结构变迁的双重效应下,未来一段时期,显然能够推动中国产业结构加速转型。

表6-11 分时段各省环境规制政策对地方产业结构高级化的影响

被解释变量 解释变量	产业结构优化程度 lnIST		产业结构变迁速度 lnISU	
	2007–2011 (FE)	2012–2016 (RE)	2007–2016 (RE)	2012–2016 (FE)
lnEPQ	0.0018917	0.005385***	0.1626885**	0.0029326
	(0.95)	(2.75)	(2.06)	(0.09)
lnSCR	0.0050983	0.0185877***	0.2333976**	0.2179399**
	(1.62)	(3.98)	(1.96)	(2.49)
lnGPQ	−0.0491567***	0.0214142	−0.5183262	7.466547
	(−3.87)	(1.13)	(−1.55)	(0.79)
lnGSQ	0.0045377	0.0572772***	1.178979***	0.6523142***
	(0.58)	(5.54)	(4.78)	(2.88)
lnELV	0.0104807	−0.0036716	0.8055345***	−0.0055622
	(1.39)	(−1.34)	(5.09)	(−0.12)
lnEPN	0.0001802	0.0099677***	0.1029088	0.0969232
	(0.09)	(2.62)	(1.24)	(1.47)
lnPET	−0.0010635	0.0003477	0.147089***	−0.0191875
	(−0.87)	(0.14)	(2.88)	(−0.43)
lnPLV	0.0007593	−0.0103618***	0.1076806***	0.1183688*
	(0.74)	(−2.72)	(2.56)	(1.80)
常数项	0.8816679***	0.5080158***	9.511766***	−9.569939
	(15.74)	(6.43)	(5.90)	(−0.34)
观测值 N	127	145	127	145
F 或 Wald	3.10***	124.68***	92.57***	4.45***
Hausman test	56.68***			44.65***

(注:系数值下小括号内为 t 值或 z 值,*,**,*** 分别表示在 10%,5%,1%显著水平上显著)

第三节 环境规制政策影响 FDI 的实证检验

英国作家威廉·萨默塞特·毛姆(William Somerset Maugham)曾言:"金钱

如同人的第六感——没有它,其他五感就不能发挥作用。"对于经济而言,金钱同等重要,充裕的金融资源是发展中国家经济成功的先决条件(林毅夫,2012)。[1]国家之间的相互依存是多级增长世界的本质特征,经济全球化快速发展推动着当今世界经济持续增长,当一国国内资本存储、技术发展不能满足本土产业结构升级,经济增长的需求时,发展外向型经济,吸引外商投资成为其尽快摆脱困境,提升经济实力的关键路径。

在发展中国家,FDI带来的不仅是资本,而且包含了发展中国家相对稀缺的科学技术、管理经验以及社会网络等,经合组织有研究表明 FDI 对部分东道国生产率增长的贡献度已近超过本土资本的贡献度(OECD,2002)。[2]对于发达国家而言,为协调高经济增长率,控制国内通货膨胀,需要将发展焦点从为在福利国家分配资源进行斗争转移到发展持续的公共合作,促进科学家、工程师、企业家和工人的相互协作,以更好地推广并有效吸收新技术革命的成果(罗斯托,1990)。[3]

在全球范围内,打破贸易屏障,开展多领域国际合作,输出商品与资本,实施经济扩张成为发达国家疏解国内经济压力的重要渠道。因此,国际投资使货币资本从那些相对投资机会来说储蓄充足的发达国家,转移到情况相反的发展中国家,双方都能通过这种国际货币资本流动实现跨期资源重新配置,或是提高收入水平,或是改变相对收入的吸收时程,或二者均有所改变,进而增进社会福利,推动世界经济增长(约翰·威廉森,1977)。[4]

---

① 参见林毅夫:《繁荣的求索:发展中经济如何崛起》,北京大学出版社,2012 年,第 39 页。

② See OECD(Organisation for Economic Co-operation and Development),*Foreign Direct Investment for Development:Maximizing Benefits,Minimizing Costs*,OECD,2002.

③ 参见[美]W.W.罗斯托:《富国与穷国》,王一谦、陈义、邱志峰等译,北京大学出版社,1990年,第 133 页。

④ 参见[美]约翰·威廉森:《开放经济和世界经济》,马建堂、蔡文国、晏松柏译,上海三联书店,1990 年,第 149 页。

新贸易理论认为国家的本土基本特征主要决定了国际贸易的基本模式,每个国家在任何时候拥有的土地、工人、资本、技术、气候等资源决定了其哪些行业在世界市场上颇具竞争力,政府会大力扶持面临国际竞争的国内企业。随着时间的推移,一国要素禀赋、比较优势、竞争性企业等均会发展变化,政府的产业政策也会随之改变,政府政策行为的转变又会影响跨国集团的战略决策与市场布点。

詹姆斯·托宾(James Tobin)曾言:"资本不会流向那些需要投资的地方,而是流向那些能迅速盈利的地方。"①改革开放之初,中国利用较低的生产成本(如廉价劳动力、自然资源、税收补贴等)优势,吸引了大量国外资本的流入,发展资源劳动密集型加工业,但随着自然资源的消耗,环境污染的加剧,劳动力成本的上升,在探索经济转型的过程中,国家开始征收生态税费,强化环境规制。日益严峻的环境规制政策,势必会增加能源、原材料的价格,改变区域经济竞争的比较优势,影响 FDI 的流动。

一、理论分析与研究假设

资本的流动是由市场经济的本性所驱使,不断地寻求新的市场,开发新的资源以及提高效率以期最大限度地积累财富是驱动资本跨域流动的根本动力(杨伯溆,2002)②。国际间资本流动通过改变各国收入和吸收资本流量的时间裝,提高资本跨期盈利率。为了尽可能避免货币贬值或政治风险,国际资本通常以"游资"形式在各国流动。

20 世纪 80 年代以来,国际资本流动一直鼓励跨国公司寻求在成本最低

① [德]格拉德·博格斯贝格、哈拉德·克里门塔:《全球化的十大谎言》,胡善君、徐建东译,新华出版社,2000 年,第 173 页。
② 参见杨伯溆:《全球化:起源、发展和影响》,人民出版社,2002 年,第 221 页。

的地方投资建设附属子公司。在经济全球化的进程中，广大发展中国家通常是以跨国公司东道国的身份参与其中，它们竞相制定自由化的贸易和投资政策或以其他开放的姿态吸引外商和外资。亚历克斯·E.费尔南德斯·希尔贝尔托（Alex E.Fernandez Jilberto）曾言，无论具有什么政治制度的国家，当它们张开自己的双臂欢迎外企和外资的时候，它们知道这也许是它们获得就业机会和科学技术的唯一捷径。[①]

但世界经济发展实践表明，外资的涌入与全球化的推进，犹如一把双刃剑，在带动东道国经济增长的同时，亦加剧了其金融风险、通货膨胀、社会贫困、环境污染等问题。因此，资本逐利的本性使发达国家在推动经济全球化与贸易自由化的进程中，更多地考虑其金融资本在全球的优势地位，相对忽视了对发展中国家的金融安全、社会稳定以及环境问题可能造成的影响。为了有效避免外资流入对本土经济的冲击，发展中国家需要持谨慎的态度，科学甄别各类外商投资可能对本土经济造成的多重影响，尽可能选择那些具有"创造性价值"的外资。

改革开放之前，在"艰苦奋斗，自力更生"发展方针的指引下，中国一直强调引入国外先进技术而非外商的直接投资，1979年中国正式以法律文件形式批准外商直接投资，随着改革开放和市场化进程的推进，政府对待外资的政策逐步放宽，更多地允许外资进入金融、能源、制造、基础设施、公共服务等产业部门。国家统计局数据显示，1998—2016年，外商投资企业数由227807户上升为505151户，合同利用外资项目数由19850个上涨到27900个，实际利用外商投资额由5855700万美元增加至13103513万美元。

同一时期，中国的资源环境问题日益严峻，《中国能源统计年鉴》显示1998—2016年，中国能源消费总量由136184万吨标准煤增长到405144万吨标准

---

① See Alex Jilberto, Andre Monne, Globalization versus Regionalization, in *Regionalization and Globalization in the Modern World Economy*, Routledge, 1998, p.2.

煤,根据哥伦比亚大学发布的世界 PM2.5 密度图的数据测算发现 1998—2016 年,中国各地市 PM2.5 年均浓度由 20.3067μg/m³ 上升为 45.42747μg/m³。为考证外商是否通过直接投资渠道将高污染高耗能的"夕阳产业"转移到中国,本书对环境规制政策与 FDI 的关系进行了实证检验,若严厉的环境规制政策造成 FDI 流入量的减少,则证明目前中国引入的 FDI 质量参差不齐,低质量 FDI 的涌入会加剧中国的资源环境问题,不利于经济的可持续发展,反之,则证明目前中国引入的 FDI 质量水平较高,高质量 FDI 的涌入有助于优化中国的产业结构,促进国民经济的高质量发展。

国内外已有研究表明多样化的环境规制政策会通过影响 FDI 的区位选择、产业分布、投资方式与规模等对 FDI 的进入产生深远的影响。具体而言,经济激励型政策通过赋予稀缺资源环境较高的市场价格,弱化了区域经济的比较优势,降低了 FDI 的盈利率,驱使 FDI 更多流向环保税费较少、资源环境成本较低的地区。行政督察型环境规制政策依托法定的政治权威,构建"深绿色"环境规制体系,践行"绿色发展"治理理念,框定着大量资源要素的使用范围与方式,迫使外资企业或降低投资,转移生产区域,或追加投入,转型生产,升级产品与技术,但企业制度惰性会加大企业改革转型的成本,更多的外资企业更偏向选择转移投资区域。

立法监控型环境规制政策运用环境法律、标准、议案、文件等,在制造、能源、基建等行业构筑起绿色屏障,将国外高污染高耗能的"夕阳产业"拒之门外,提高了外资企业的市场准入门槛,阻碍了低水平 FDI 的流入。社会参与型环境规制政策通过引导公民树立低碳环保的消费理念,驱动了国内新能源、人工智能、环境服务等"朝阳产业"的发展,这些本土化"朝阳产业"迅速发展有助于刺激中国内生型经济发展,减少对国外资本的依赖。基于此,本书提出如下假设:

H9:经济激励型环境规制较高的地区,外商直接投资水平相对较低。

H10：行政督察型环境规制较优的地区，外商直接投资水平相对较低。

H11：立法监控型环境规制较严的地区，外商直接投资水平相对较低。

H12：社会参与型环境规制较强的地区，外商直接投资水平相对较低。

二、模型设定与变量选择

（一）变量定义

1.被解释变量——外商直接投资水平

市场经济本质上是由资本支配的经济，资本以直接投资、出口信贷、债务摊还以及证券资产等不同的形式在世界范围内的自由流动驱动着国际经济贸易的一体化。对于东道国而言，由直接投资所形成的资本转移对其经济增长影响更为长远，外商直接投资能够迅速替代国内稀缺的资本与技术，促进产业生产规模的扩大与生产效率的改进。国内外学者主要从 FDI 流入数量、进入模式、销售收入等方面衡量区域 FDI 水平，借鉴已有研究，本书选择用 FDI 单位规模（FDIS）和 FDI 单位效益（FDIB）两个指标测度地区 FDI 水平。FDI 单位规模（FDIS）指标用各地区实际利用外商直接投资金额（万元）与各地区年末登记的外商投资企业单位数（户）的比值表示，单位外资企业实际利用的外商直接投资金额越多，意味着外商直接投资水平越高；FDI 单位效益（FDIB）指标用各地区外商投资和港澳台投资工业企业主营业务收入（万元）与各地区外商投资和港澳台投资工业企业单位数（个）的比值衡量，单位外资企业主营业务收入越高，外商资本盈利率则越高，较高资本盈利率又会吸引更多国外资本的流入。

2.解释变量——环境规制政策

与前文（6.1 小结）保持一致，用各省级地区每年出台的环境经济政策数量(EPQ)与地方排污费解缴入库户金额与排污费解缴入库户数的比值(SCR)表示经济激励型环境规制政策的多样性与激励强度;用环保行政系统人员的素质(GPQ)、政府制度质量(GSQ)衡量政府环境规制能力的高低与环境行政系统的优化度;用各年地方有效的环境法规规章数量(ELN)、地方单位人口(百万人口)人大与政协的环保提案数(EPN)测度立法监控型环境规制政策的严厉性、严密性;用地方环境宣传教育次数(PET)、地方单位人口(百万人口)环境信访办结数(PLV)度量各地环保生态教育水平与生态民主对话程度。

(二)模型构建

在构建环境规制政策影响外商直接投资的面板数据回归模型的过程中,为了尽可能弱化诸多变量间数值差异造成的异方差问题,增加平稳性,减少量纲影响,本书对所有变量都做出对数化方式处理。结合理论分析与研究假说,本书建立如下回归模型:

$$\ln FDIS_{it} = k_0 + k_1 \ln EPQ_{it} + k_2 \ln SCR_{it} + k_3 \ln GPQ_{it} + k_4 \ln GSQ_{it} + k_5 \ln ELN_{it} + k_6 \ln EPN_{it} + k_7 \ln PET_{it} + k_8 \ln PLV_{it} + \varepsilon_i + V_t + u_{it} \qquad ⑤$$

$$\ln FDIB_{it} = \lambda_0 + \lambda_1 \ln EPQ_{it} + \lambda_2 \ln SCR_{it} + \lambda_3 \ln GPQ_{it} + \lambda_4 \ln GSQ_{it} + \lambda_5 \ln ELN_{it} + \lambda_6 \ln EPN_{it} + \lambda_7 \ln PET_{it} + \lambda_8 \ln PLV_{it} + \eta_i + \mu_t + \psi_{it} \qquad ⑥$$

公式⑤表示不同类型环境规制政策对于外商直接投资单位规模的影响,式中下标 i 代表省份,t 代表年份,ε_i 是个体效应,V_t 是时间效应,u_{it} 为随机误差项;公式⑥表示不同类型环境规制政策对于地区外商直接投资单位效益的影响,式中下标 i 代表省份,t 表示年份,η_i 是个体效应,μ_t 是时间效应,ψ_{it} 是随机误差项。

三、数据来源与描述性统计

(一)数据来源

改革开放四十年来，中国正缓步由世界经济的边缘走向中心。1978—2017年,中国的货物贸易规模从206亿美元增至40981亿美元,货物进出口总额由全球第二十九位跃居第一，对世界经济增长的年均贡献率为18.4%,仅次于美国,位居世界第二,成为名副其实的世界工厂,贸易大国,[①]同一时期,中国逐渐成为发展中国家吸引FDI规模最大的国家,对外经济的依存度逐年提高,由9.65%上升为33.6%。[②]近年来,中国经济以更开放的姿态走进世界,但主要发达国家疲于应对国内经济压力和社会矛盾,对外政策由开放转为保守,国际间贸易摩擦与日俱增,多国间的贸易战争似乎一触即发。

在此背景下，研究中国环境规制政策对FDI的影响具有重要的时代意义,既有助于提高FDI准入门槛,识别高效益的FDI,促进经济高质量发展,亦有助于明晰国家间环保标准与规范,营造良好的市场环境,减少国家间的贸易摩擦,降低国际交易成本。为此,本书选用2007—2016年中国30个省级行政区域FDI与环境规制的相关数据为研究样本(西藏地区指标数据严重缺失,在定量分析中予以剔除),构建面板模型,进行数理分析。

模型中计算FDI单位规模(FDIS)与FDI单位效益(FDIB)指标的原始数据来自《中国统计年鉴(2008—2017)》《中国贸易外经统计年鉴(2008—2017)》以及各省历年统计年鉴,并且依据当年人民币对美元的平均汇率将各省实际利用外商直接投资金额转化为人民币。与环境规制政策相关的数据同前

---

① 参见李杨、武力:《改革开放四十年来中国经济的全面高速发展》,《团结报》,2018年12月6日。

② 参见改革开放四十年课题组:《中国改革开放四十年:经验与启示》,《武汉金融》,2018年第10期。

文一致(详见 6.1.3),主要来源于 2008—2017 年的《中国统计年鉴》《中国环境年鉴》《中国市场化指数》等。

(二)描述性统计与相关分析

运用 STATA13.0 软件,本书对地区 FDI 与环境规制政策相关指标变量的自然对数进行描述性统计分析,结果如表 6-12 所示。被解释变量 FDI 单位规模指标(lnFDIS)与 FDI 单位效益指标(lnFDIB)的最大值分别为7.561028、11.82559,最小值分别为 2.836209、8.929165,标准差分别为 0.8184327、0.6187464,说明样本区间内各地 FDI 单位规模与 FDI 单位效益都存在显著差异,且 FDI 单位规模的差异性更大。解释变量中社会参与型环境规制政策两项指标标准差较大,表示中国各省(市)间公众环保意识存在显著差异,社会参与水平层差不齐。

行政督察型环境规制政策两项指标标准差相对较少,表明在中国的党政体制下,各省(市)环保行政系统人员、职能、机构、体制的设置具有一定的趋同性。

表 6-12 环境规制与外商直接投资主要变量的描述性统计分析

变量	观测值	均值	标准差	最小值	最大值 x
lnFDIS	300	5.757428	0.8184327	2.836209	7.561028
lnFDIB	300	10.5336	0.6187464	8.929165	11.82559
lnEPQ	274	1.245791	0.7899261	0	3.135494
lnSCR	300	10.81504	0.6857498	9.174829	12.63868
lnGPQ	300	2.978851	0.383116	2.035189	3.557246
lnGSQ	300	1.68182	0.4382278	0.5822156	2.601207
lnELV	299	2.812988	0.7593723	0	4.510859
lnEPN	300	2.2909415	0.7491355	−0.8712934	4.174152
lnPET	298	5.505358	1.014339	0	7.50769
lnPLV	300	3.949987	1.227103	−2.348991	6.90391

　　在进行面板数据回归分析之前，本书对环境规制政策与 FDI 相关变量进行了 Pearson 相关分析（结果见表 6-13），分析结果显示，被解释变量地区 FDI 单位规模（FDIS）与排污费指标（lnSCR）、政府制度质量指标（lnGSQ）、环境法规指标（lnELV）以及公民环境信访指标（lnPLV）间存在显著的正相关关系，且相关系数值较为接近。被解释变量 FDI 单位效益（FDIB）仅仅与排污费指标（lnSCR）、公民环境信访指标（lnPLV）存在显著的正相关关系，相关系数分别为 0.3622、0.3770，与其他变量间的关系均不显著。换言之，地方 FDI 水平与环境规制政策变量的 Pearson 相关分析结果表明，相较于 FDI 单位效益而言，环境规制政策对于 FDI 单位规模的影响更为显著，且当前环境规制政策的强化没有抑制 FDI 单位规模与单位效益的增长。

表6-13 环境规制与外商直接投资主要变量的 Pearson 相关分析

变量	lnFDIS	lnFDIB	lnEPQ	lnSCR	LnGPQ	lnGSQ	lnELV	lnEPN	lnPET	lnPLV
lnFDIS	1.000									
lnFDIB	0.3498***	1.000								
lnEPQ	0.0221	0.0762	1.000							
lnSCR	0.1818***	0.3622***	0.0737	1.000						
lnGPQ	-0.0072	-0.0896	0.0711	-0.1948***	1.000					
lnGSQ	0.18839***	0.0358	0.3468***	-0.2961***	0.3671***	1.000				
lnELV	0.1719***	0.0513	0.1906***	0.1003*	0.2321***	0.2692***	1.000			
lnEPN	0.0589	0.0502	0.1385**	0.1097*	0.2513***	0.0550	0.1255**	1.000		
lnPET	0.0051	0.0569	0.2563***	0.0052	0.1961***	0.3658***	0.3084***	0.2679***	1.000	
lnPLV	0.2151***	0.3770***	0.0024	0.2083***	0.2220***	0.0710	0.2398***	0.4035***	0.2379***	1.000

（注：*，**，*** 分别表示在10%，5%，1%显著水平上显著）

四、模型计量结果及解释

(一)整体样本的计量结果及解释

利用 2007—2016 年中国 30 个省级行政区域外商投资单位规模、外商直接投资单位效益以及环境规制政策的相关数据对公式⑤与公式⑥进行回归分析,结果如图 6-14 所示。实证结果与研究假说相反,中国目前环境规制政策实施能够显著提高地方外商直接投资水平,增加 FDI 单位规模与单位效益,并且不同类型环境规制政策对 FDI 的影响具有显著差异。具体而言,政府制度质量(lnGSQ),环境法规(lnELV),人大、政协环保提案(lnEPN),环境宣教指标(lnPET)以及公众信访(lnPLV)五项指标均对地方 FDI 单位规模(lnFDIS)产生显著性正向影响,影响系数分别为 0.9609609、0.1944613、0.1332008、0.1086614 以及 0.1025031,排污费指标(lnSCR)对地方 FDI 单位规模(lnFDIS)产生显著性负向影响,影响系数为 -0.1411541,各省每年出台的环经政策数量指标(lnEPQ)、环保系统人员的素质指标(lnGPQ)与地方 FDI 单位规模(lnFDIS)呈非显著性负相关关系。

经济激励型政策对于 FDI 单位规模的负向影响表明以环境税收、绿色财政为代表的环境规制政策的实施会增加外资企业的市场运营成本,降低 FDI 的市场盈利率,FDI 的效率损失又会引发 FDI 规模的缩减。《中国统计年鉴(2017)》显示,2007—2016 年,中国外商投资和港澳台投资工业企业主营业务成本由 106981.42 亿元增加到 211127.92 亿元,年均增长率约为 9.735%,主营业务成本的逐年上升可能将一些生产技术水平相对落后的中小规模外资企业挤出中国市场,造成外商投资水平的下降。在八个解释变量中,政府制度质量指标(lnGSQ)对 FDI 单位规模的正向影响系数最高,原因可能是

2008年的全球金融危机之后，发达国家对外贸易政策更为谨慎，为降低外部政治风险与金融风险，发达国家与地区的FDI更倾向于流入官员贪腐率较低、规制政策有序、政府运转安稳的地区，良好的政府制度质量是外资企业高效运营的重要保障，相比其他发展中国家，在中国共产党的科学领导与中央政府的宏观调控下，中国内地政局相对稳定，人民币汇率相对稳定，环保政务系统廉洁高效的运作显然有助于进一步规范市场交易秩序，提升FDI单位规模与单位效益。

立法监控型政策指标对FDI单位规模的正向影响表明，立法监控严格的地区，FDI单位规模较高，造成该现象的原因是严厉的环保法规在提高FDI准入门槛，阻碍低质量FDI流入的同时，亦增强了高质量FDI的竞争优势和市场收益率，吸引大量高质量FDI的涌入，弥补了因低质量FDI溢出造成的规模损失。社会参与型政策对FDI单位规模的正向影响意味着，公众生态环保意识较强、环境治理民主参与水平较高的地区，FDI单位规模较大。古人云，"仓廪实而知礼节，衣食足而知荣辱"，公众环保意识与民主参与水平较高的地区，经济基础相对较优，市场和消费升级速度较快，能够释放大量的资本投资机会，刺激FDI的流入，诱发FDI单位规模的扩大。

根据表6-14，比较环境规制政策对地方外商直接投资两项指标的影响能够发现，环境规制政策对FDI单位规模（lnFDIS）的正向影响更为显著。经济激励性政策的两项指标（lnEPQ、lnSCR）对FDI单位规模与FDI单位效益的作用相反，说明虽然经济型环境规制政策的强化会增加外资企业的运营成本，引发FDI规模缩减，但它更有助激励外资企业改进生产工艺与技术，提高生产效率，增进FDI单位效益。长远而言，FDI单位效益的增长对于中国经济绿色增长的贡献率要高于FDI单位规模增长的贡献率，FDI单位规模的增加与否主要显示了FDI数量的增长，FDI单位效益的高低直接体现着FDI质量的高低。

在八项具体化环境规制政策指标中，仅有环境经济政策指标（lnEPQ）、排污费缴纳指标(lnSCR)以及公众信访指标(lnPLV)会对 FDI 单位效益(lnFDIB)产生显著性正向影响,影响系数偏小,其余指标效应均不显著。据此,可以判别当前中国环境规制政策不仅不会造成 FDI 流入总量的缩减,而且有助于促进 FDI 单位规模的增加,但对于 FDI 单位效益的促进作用相对较弱。《中国贸易外经统计年鉴》中分国别(地区)外商实际投资金额统计亦证实了此观点,2007—2016 年,分国别外商实际直接投资总额由 7476778 万美元增加至 12600142 万美元,来自欧盟、美国、加拿大、澳大利亚、新西兰、新加坡、日本、韩国的外商实际投资金额由 230309 万美元增加至 2563644 万美元,占当年外资直接投资总额的比重由 30.8048%下降为 20.3462%。工业革命以来,欧美等发达国家经济绩效与科技水平一直遥遥领先于其他国家,2018 年世界知识产权组织公布的全球创新指数排名显示,前 20 名中 11 名来自欧洲国家,其余 9 名分别是新加坡、美国、以色列、韩国、日本、中国香港、中国、加拿大以及澳大利亚。与其他国家 FDI 相比,欧美等工业发达国家科技创新综合实力较强,FDI 单位产出较高,技术溢出效应较优,但近年来发达国家外商直接投资占中国外商投资直接投资总额比重在逐年下降,意味着中国 FDI 结构尚需优化,在保障 FDI 规模增加的同时,国家亦需要重视以环境规制政策提高 FDI 效益。

表 6-14　环境规制政策对地方外商直接投资的影响

变量	外商直接投资单位规模 lnFDIS(FE)	外商直接投资单位效益 lnFDIB(RE)
lnEPQ	−0.0441723	0.0832357***
	(−1.07)	(2.98)
lnSCR	−0.1411541*	0.3159031***
	(−1.84)	(6.39)
lnGPQ	−0.4516236	−0.2689295
	(−1.00)	(−1.49)
lnGSQ	0.9609609***	0.1535765
	(5.94)	(1.56)
lnELV	0.1944613***	0.050184
	(2.82)	(1.12)

续表

变量	外商直接投资单位规模 lnFDIS(FE)	外商直接投资单位效益 lnFDIB(RE)
lnEPN	0.1332008**	0.0544567
	(2.38)	(1.48)
lnPET	0.1086614***	−0.0000023
	(2.83)	(−0.00)
lnPLV	0.1025031***	0.18711674***
	(3.33)	(9.09)
常数项	5.203643***	6.555522***
	(3.15)	(8.36)
观测值 N	272	272
F 或 Wald	11.22***	329.50***
Hausman test	55.64***	

（注：系数值后括号内为 t 值或 z 值，*，**，*** 分别表示在 10%，5%，1%显著水平上显著）

（二）分区域样本的计量结果及解释

运用 STATA13.0 软件对东部 11 省、中部 10 省以及西部 9 省（西藏除外）2007—2016 年地方外商投资单位规模与外商投资单位效益指标十年均值进行统计分析，结果如图 6-5 与图 6-6 所示，整体而言，中国 FDI 单位规模与 FDI 单位效益呈缓步上升的趋势，中部 FDI 单位规模、单位效益均高于东部与西部，且差距日益增大（注：2008 年中国 FDI 单位规模出现大幅度下跌，主要是受当年全球金融危机的影响）。2011 年以来，随中国经济步入新常态发展阶段，与中西部地区相比，作为中国经济领头羊的东部地区，FDI 单位规模与单位效益增长较缓慢，外商直接投资水平呈现下滑趋势。在同样的时代背景与国家政治体制下，为何相邻区域间 FDI 增长存在显著差异，发人深思。

因此，本书分别以东、中、西三地 2007—2016 年省域数据为样本，运用 STATA13.0 软件分区域检验了不同类型环境规制政策对地区外商直接投资的影响（结果见表 6-15），并据此探讨能否通过实施严格的环境规制政策，优化外资结构，提升外资质量与效益。

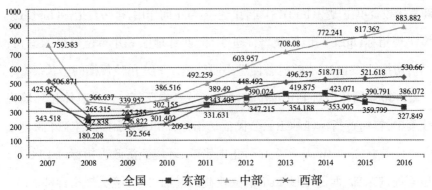

图 6-5　2007—2016 年分区域外商直接投资单位规模(FDIS)均值

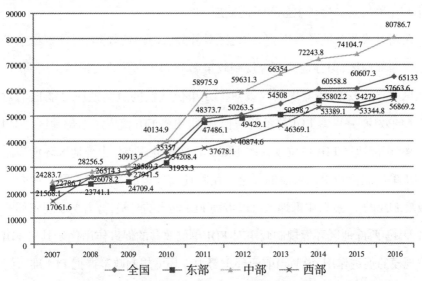

图 6-6　2007—2016 年分区域外商直接投资单位效益(FDIB)均值

　　环境规制政策影响地方外商直接投资水平的分地区回归结果显示,中部地区环境规制政策对地方 FDI 单位规模与单位效益的促进作用较其他两地显著,东部环境规制政策对地方 FDI 单位规模有显著促进作用,但对 FDI 单位效益的负向影响系数大于正向影响系数,西部环境规制政策对地方 FDI 单位规模与单位效益的促进作用相对较弱。就环境规制政策对 FDI 单位规模的区域影响而言,八种具体化环境规制政策中,仅有政府制度质量指标(lnGSQ)对于三地区外商直接投资单位规模(lnFDIS)均会产生显著正向作用,排污费指标(lnSCR)、环境法规指标(lnELV)能够显著促进东部、西部地区 FDI 单位规模的增长,公民信访指标(lnPLV)能够显著促进中西部地区 FDI 单位规模的增长。

就环境规制政策对 FDI 单位效益的区域影响而言,八种具体化环境规制政策中,排污费指标(lnSCR)、公民信访指标(lnPLV)对于三地区外商直接投资单位效益(lnFDIB)均产生显著正向影响,环境经济政策指标(lnEPQ)能够显著促进东部、西部地区 FDI 单位效益的增加,但环境法规指标(lnELV)却对两地 FDI 单位效益有显著性负向影响,政府制度质量指标(lnGSQ)对中西部 FDI 单位效益会产生显著正向效应。

在渐进式改革的背景下,东部地区对外开放时间比较早,对外贸易水平优于中西部地区,但分地区环境规制政策影响 FDI 水平的实证结果表明,东部地区日渐严厉的环境规制政策对 FDI 单位效益的负向效应可能抵消对 FDI 正向效应,并束缚 FDI 总量的增长,使得更多 FDI 流入中西部地区,2014年以来,东部地区 FDI 单位规模的下降亦证实了此观点。中部地区环境规制对 FDI 单位规模与单位效益的促进作用将使其逐步成为未来一段时期内中国吸聚 FDI 的主场域,中部地区可以借助 FDI 涌入的时机,努力缩小同东部的经济差距。西部地区环境规制政策对 FDI 单位效益的促进作用优于其对 FDI 单位规模的促进作用,说明当前西部正努力以环境规制政策严把 FDI 准入门槛,提高 FDI 质量水平,虽然西部 FDI 单位规模上升比较慢,但其 FDI 单位效益处于匀速上升状态,与东部地区间的差距日渐缩小。造成西部 FDI 单位规模上升缓慢的原因是多方面的,环境规制政策仅是其中之一,更深层的原因可能是西部经济基础较差、自然环境相对恶劣、公共服务设施建设滞后等。

因此,未来一段时期,中部地区可以借助环境规制政策优化,吸引更多高质量 FDI 流入,带动区域经济转型与升级,西部地区在优化环境规制政策的同时,亦需完善公共基础设施建设,丰富吸引 FDI 的社会资本。

表6-15 分地区环境规制政策对地方外商直接投资的影响

被解释变量 解释变量	外商直接投资单位规模 lnFDIS			外商直接投资单位效益 lnFDIB		
	东部(RE)	中部(RE)	西部(RE)	东部(RE)	中部(RE)	西部(RE)
lnEPQ	-0.0866014**	0.0638528	-0.0602313	0.0761888**	-0.0571693	0.2239436***
	(-2.14)	(1.03)	(-0.39)	(2.39)	(-1.17)	(2.72)
lnSCR	0.1955993*	0.2752074***	0.0353442	0.3272477***	0.4686267***	0.3378622***
	(1.90)	(3.30)	(0.18)	(4.37)	(7.05)	(3.23)
lnGPQ	0.0025578	-0.8686912**	0.8464579**	-0.853469***	2.615582***	0.121443
	(0.01)	(-2.05)	(2.27)	(-4.28)	(4.83)	(0.61)
lnGSQ	0.5001589**	1.653348***	1.323732***	0.0373736	0.3769278*	0.6578487***
	(2.37)	(6.82)	(4.44)	(0.24)	(1.92)	(4.12)
lnELV	0.26679**	0.2486505***	0.0305826	-0.1603993**	0.0628245	-0.1422185**
	(2.56)	(3.36)	(0.23)	(-2.10)	(1.09)	(-1.98)
lnEPN	0.0404372	0.0388432	-0.2369838	0.0279098	-0.0020786	0.1594132
	(0.67)	(0.53)	(-1.27)	(0.60)	(-0.03)	(1.60)
lnPET	0.1166195***	-0.0473614	0.0527239	-0.070113**	0.0918504**	0.0572504
	(2.74)	(-0.97)	(0.46)	(-2.08)	(2.43)	(0.93)
lnPLV	-0.0407618	0.1491068***	0.1510512*	0.2490699***	0.1987463***	0.1654592***
	(-1.02)	(2.64)	(1.77)	(7.91)	(4.39)	(3.63)
常数项	1.255098	1.947282	0.5671747	9.29707***	-4.266655**	4.213582***
	(0.80)	(1.16)	(0.23)	(9.03)	(-2.32)	(3.26)
观测值 N	104	92	76	104	92	76
F或 Wald	41.87***	115.30***	34.64***	208.45***	38.56***	100.86***
Hausman test					80.55***	

（注：系数值后括号内为t值或z值，*，**，***分别表示在10%,5%,1%显著水平上显著）

（三）分时段样本的计量结果与解释

如图 6-5 与图 6-6 所示，2007—2016 年，中国各省 FDI 单位规模指标
（FDIS）均值先由 506.871 陡降至 265.315，然后陆续增加至 530.66，FDI 单位
效益指标（FDIB）均值由 21568.1 持续增加至 65133，变动幅度较大。FDI 单
位规模与单位效益的提升，彰显了近年来中国 FDI 整体质量水平的稳步上
升。与传统的"污染天堂假说"不同，2007 年以来，中国环境规制政策的强化
没有造成 FDI 水平的大幅度缩减，而且有效刺激了 FDI 质量的提升。为更好
地发挥环境规制政策对 FDI 的促进作用，本书引入时期效应，以 2012 年为
界，分时段检验了 2007—2011 年与 2012—2016 年各省环境规制政策对地
方 FDI 水平的影响，以进一步明晰影响 FDI 单位规模与单位效益的关键因
素，结果如表 6-16 所示。

2007—2011 年，各省环境规制政策的 FDI 集聚效应不佳，八个指标中仅
有四个指标（lnSCR、lnGSQ、lnELV、lnPLV）能够以不同方式促进外商投资水
平的提升，且对 FDI 单位效益的正向影响更优。2012—2016 年，各省环境规
制政策的 FDI 集聚效应较前一时期有所改进，八个指标中五个指标（lnSCR、
lnGSQ、lnELV、lnEPN、lnPET）会显著影响外商投资水平，且对 FDI 单位规模
的影响更显著。因此，未来一段时期，中国能够通过强化环境税费、提升政府
制度质量、严格环境立法、增进公民环保参与等途径提升 FDI 规模与效益，
在实现国内经济持续增长的同时，更好融入世界经济，推动"人类命运共同
体"高质量发展。

表 6-16　分时段各省环境规制政策对地方外商直接投资的影响

被解释变量 解释变量	外商直接投资单位规模 lnFDIS		外商直接投资单位效益 lnFDIB	
	2007–2011 （RE）	2012–2016 （RE）	2007–2016 （FE）	2012–2016 （RE）
lnEPQ	0.0002698	−0.0451326	−0.0014327	0.0237093
	（0.00）	（−0.92）	（−0.03）	（1.41）
lnSCR	−0.0376952	0.0750585	0.2674191***	0.1297608***
	（−0.37）	（0.65）	（3.35）	（3.13）
lnGPQ	−0.3593017	−0.5452287	−0.1623015	−0.2562229
	（−1.30）	（−1.27）	（−0.50）	（−1.19）
lnGSQ	0.9270662***	0.5961778**	−0.1409959	0.3585508***
	（4.43）	（2.40）	（−0.71）	（3.69）
lnELV	−0.0615905	0.1452148**	0.8625958***	0.0137012
	（−0.47）	（2.12）	（4.53）	（0.58）
lnEPN	0.035244	−0.2151705**	−0.0694987	0.0382609
	（0.49）	（−2.27）	（−1.31）	（1.17）
lnPET	0.0512369	0.137853**	0.0053572	0.0179264
	（1.14）	（2.18）	（0.17）	（0.82）
lnPLV	0.0670315*	0.0279778	0.0916802***	−0.0058273
	（1.82）	（0.29）	（3.51）	（−0.18）
常数项	5.112134***	4.923293***	5.55486***	9.345783***
	（3.73）	（2.63）	（3.92）	（11.63）
观测值 N	127	145	127	145
F 或 Wald	30.52***	22.56***	15.64***	55.58***
Hausman test			71.55***	

（注:系数值下小括号内为 t 值或 z 值,*,**,*** 分别表示在 10%,5%,1%显著水平上显著）

第四节　环境规制政策
影响全要素生产率的实证检验

传统经济增长理论认为，经济并不具备什么本质特能够导致在所有时期的持续增长,在缺乏外部"震荡"或技术变化的情况下,资本–劳动产出比长期趋于均衡状态,经济将汇聚于零增长。现代经济增长理论认为一个国家或地区能够通过资本的深化(每小时劳动的资本量的增加)、劳动素质的优化(劳动者可衡量技能的改进)以及全要素生产率的提升(资本和劳动组合的节约),实现社会生产效率的持续改进,区域经济的持续性增长。[1]经济发展早期,经济学家强调单要素尤其是土地、资本、劳动等投入量的增加对于经济增长的贡献率,随着经济的发展,资本没有从富国流入穷国,全世界经济收入没有收敛到相同的水平,南北差距日渐拉大。

在依靠要素投入增加的粗放型经济发展模式下,越来越多发展中国家面临着增长的极限问题,与之相对,主要发达国家经济依旧持续增长,遥遥领先,以美国和印度为例,19世纪初,美国人均GDP水平仅仅是印度的2.5倍,21世纪初,美国人均GDP则变成印度的16倍,造成此经济现象的原因是什么引发诸多经济学家的思考。

1957年罗伯特·莫顿·索洛(Robert Merton Solow)提出了全要素生产率分析法,在"柯布-道格拉斯"生产函数的基础上引入技术中性、规模报酬不变等假设,阐释了除资本、劳动外的技术进步、组织创新、制度改进等索洛残差对于经济增长的重要作用,虽然叫残差,却大致占到工业化国家历史增长的50%。[2]随后,西蒙·库兹涅茨(Simon Smith Kuznets)、罗伯特·霍尔(Robert E. Hall)、爱德华·普雷斯科特(Edward C. Prescott)等现代经济学家的研究亦表明全要素生产率增长对于发达国家地区现代经济增长至关重要。

中国社会科学院蔡昉等人对1978—2010年中国GDP增长率的分析也发现资本积累、劳动投入和人均受教育年限三种要素只能解释经济增长率的76.1%,余下23.9%是全要素生产率的贡献。[3]因此,借鉴发达国家的经验,

① 参见[美]罗伯特·E.霍尔、戴维·H.帕佩尔:《宏观经济学:经济增长、波动和政策》(第六版),沈志彦译,中国人民大学出版社,2007年,第120页。

② See Oliver J, Blanchard and Stanley Fischer, Lectures on Macroeconomics, MIT Press, 1989.

③ 参见蔡昉:《人民要论:以全要素生产率推动高质量发展》,《人民日报》,2018年11月9日。

提升全要素生产率,是打破资源能源束缚,突破增长极限,实现国民经济持续增长的重要路径。但是近年来,为解决日益严峻的生态环境问题,推进国民经济的绿色增长,更好地满足人民对美好生活的需要,国家在水体、空气、土壤、矿产、能源等领域出台多项环境规制政策,日渐严厉的环境规制是否会增加宏观经济运行成本,阻碍全要素生产率的改进引人深思。

一、理论分析与研究假设

经济增长是要素投入增加与生产效率改进的共同结果,学者们运用生产函数探索经济增长源泉的过程中,发现随着劳动、资本、土地等要素投入边际收益的递减,生产要素投入对经济增长的贡献日渐减弱,全要素生产率的贡献率与日俱增。改革开放以来,官员 GDP 考核机制作用下地方资本投资迅速增加驱动着区域经济的迅猛发展,大量投资在驱动经济增长的同时,亦形成了过剩的生产能力,加剧了资源错置、产能过剩、环境污染等问题,为宏观经济下行埋下隐患,随着资本投资增长率的递减,2011 年以来,中国经济增速开始下降。与此同时,国际货币基金组织(2015)的研究显示,2008—2014 年中国全要素增长率对潜在增长率的贡献度在下降[1],国家信息中心(2017)统计发现,1978—2015 年,中国经济主要依靠投资驱动,全要素生产率的贡献率为 43%,较发达国家 70% 的贡献率存在显著差距,且 2008 年应对金融危机的政府救市计划的实施,造成了近年来全要素生产率增速及其贡献率的频频下滑。[2]

发达国家经济发展实践证实,全要素生产率高低是衡量一个国家经济

---

[1]　参见中国社会科学院经济学部:《解读中国经济新常态:速度、结构与动力》,社会科学文献出版社,2015 年,第 52 页。

[2]　参见肖宏伟:《我国全要素生产率对经济增长的贡献测度》,http://www.sic.gov.cn/News/455/8443.htm,2017-09-06/2018-12-25。

质量高低的重要指标,不断提高全要素生产率对经济发展的贡献率,变"外延式发展"为"内涵式增长"是成功实现经济转型,跨越中等收入陷阱,推进经济持续增长的必然途径。

因此,新时代,如何快速改进全要素生产率,破除低速增长资环瓶颈,是推动中国经济高质量发展的关键。全要素生产率本质上是生产投入产出效率问题,增长主要源于技术创新(诸如新知识、新发明、新工艺等)和效率改进(诸如组织制度创新、生产管理技能丰富以及规模经济等)。环境规制政策本质上亦是通过多类型环境政策纠正资源环境领域的市场失灵,提高资源配置效率,促进经济的高质量发展。但近年来中国各省环境规制政策实践效果如何,是否促进了全要素生产率的提升与国民经济的高质量发展有待检验。

国内外已有研究表明多样化的环境规制政策会通过影响厂商的市场竞争、技术创新、生产规模、产业集聚等影响经济体的静态效率与动态效率。具体而言,以环境税费、排污权交易、绿色信贷为代表经济激励型政策的实施有助于刺激资源要素市场发育,规范要素市场价格,使环境污染外部成本内部化,有效降低因市场失灵造成的资源要素低效配置问题,促进全要素生产率的提高。

行政督察型政策的实施通过在行政系统内外部明晰党中央绿色执政理念与绿色发展理念,规范环保领域监督执法行为,有效降低因贪腐寻租造成的资源扭曲配置与市场效率损失问题,更好地引导资源要素流入投入产出效益高的绿色产业。

立法监控型政策借助环境法规、禁令、标准等,提高潜在进入者市场准入门槛,增强市场上既有厂商的竞争优势,既有厂商能够通过扩大生产规模,形成规模经济,在提升行业生产效率的同时亦降低了单位产出遵循成本。社会参与型政策的实施有助于将生态社会建设的内在理念外化为社会成员的环保行为,驱动着生产方式、消费方式以及产业结构的变迁升级,进

而以经济变革为契机释放出更多全要素生产率改进空间。基于此,本书提出如下假设:

  H13:经济激励型环境规制较高的地区,全要素生产率水平相对较高。

  H14:行政督察型环境规制较优的地区,全要素生产率水平相对较高。

  H15:立法监控型环境规制较严的地区,全要素生产率水平相对较高。

  H16:社会参与型环境规制较强的地区,全要素生产率水平相对较高。

二、模型设定与变量选择

(一)变量定义

1.被解释变量——全要素生产率水平

全要素生产率表示一个经济系统全部投入转化为产出的综合效率,国内外学者或是利用索洛余值法(SR)、随机前沿法(SFA)等参数法构建生产函数测算 TFP 增长率,或是借助代数指数法(AIN)、数据包络法(DEA)等非参数法测算 TFP 增长率。为减少函数参数估计误差对计量结果的影响,本书选择用数据包络法(DEA)测算 TFP。借鉴 Fare(1994)[1]、Caves(1982)[2]等观点,基于规模报酬可变的投入导向型模型,本书以地区从业人员人数、资本存量、能源消费总量为投入指标,以国内生产总值为产出指标,运用 DEAP2.0 软件中的 DEA-Malmauist 指数法测算了各地区各年全要素生产率较上一年度的增长率,同时参考国内学者的做法,假设 2007 年各地区全要素生产率

---

① See Rolf Fare,Shawna Grosskopf,Mary Norris et al.,Productivity Growth,Technical Progress, and Efficiency Change in Industrialized Countries,*The American Economic Review*,1994,84(1).

② See Caves,D.W.,Christensen,L.R. and Diewert,W.E.,*The Economic Theory of Index Numbers and the Measurement of Input,Output,and Productivity*,Econometrica,50,1393–1414,https://doi.org/10.2307/1913388.

为1,然后把测算的TFP指数逐年累乘,依次转换为以2007年为基期的全要素生产率累计变动指数,以此变动指数表示各地区各年全要素生产率,用TFP表示,该数值越大,表示全要素生产率增长越快,越有利于经济高质量发展。

考虑到近年来在谋求绿色转型与持续发展的道路上,环境指标日渐被纳入经济考量范围之内,本书又以地区生产总值为期望产出指标,以地区污染物排放量(各地区二氧化硫排放量)为非期望产出指标,以地区从业人员人数、资本存量、能源消费总量为投入指标,构建绿色全要素生产率评价指标体系,运用DEA Solver Pro5.0软件中的规模报酬可变Undesirable outputs模型分年份测算了包含环境产出的各地区经济投入产出综合效率,以此综合效率衡量各地区各年绿色全要素生产率,用GTFP表示,该数值越大,越有利于推进经济长期增长。

2.解释变量——环境规制政策

与前文(6.1小结)保持一致,用各省级地区每年出台的环境经济政策数量(EPQ)与地方排污费解缴入库户金额与排污费解缴入库户数的比值(SCR)表示经济激励型环境规制政策的多样性与激励强度;用环保行政系统人员的素质(GPQ)、政府制度质量(GSQ)衡量政府环境规制能力的高低与环境行政系统的优化度;用各年地方有效的环境法规规章数量(ELN)、地方单位人口(百万人口)人大与政协的环保提案数(EPN)测度立法监控型环境规制政策的严厉性、严密性;用地方环境宣传教育次数(PET)、地方单位人口(百万人口)环境信访办结数(PLV)度量各地环保生态教育水平与生态民主对话程度。

(二)模型构建

在构建环境规制政策影响全要素增长率的面板数据回归模型的过程中,为了尽可能弱化诸多变量间数值差异造成的异方差问题,增加平稳性,

减少量纲影响,本书对所有自变量作出对数化处理。结合理论分析与研究假说,本书建立如下回归模型:

$$TFP_{it}=\pi_0+\pi_1\ln EPQ_{it}+\pi_2\ln SCR_{it}+\pi_3\ln GPQ_{it}+\pi_4\ln GSQ_{it}+\pi_5\ln ELN_{it}+\pi_6\ln EPN_{it}+\pi_7\ln PET_{it}+\pi_8\ln PLV_{it}+\varepsilon_i+V_t+u_{it} \tag{⑦}$$

$$GTFP_{it}=\theta_0+\theta_1\ln EPQ_{it}+\theta_2\ln SCR_{it}+\theta_3\ln GPQ_{it}+\theta_4\ln GSQ_{it}+\theta_5\ln ELN_{it}+\theta_6\ln EPN_{it}+\theta_7\ln PET_{it}+\theta_8\ln PLV_{it}+\eta_i+\mu_t+\psi_{it} \tag{⑧}$$

公式⑦表示不同类型环境规制政策对于不考虑环境产出的地方全要素生产率的影响,式中下标 i 代表省份,t 代表年份,ε_i 是个体效应,V_t 是时间效应,u_{it} 是随机误差项;公式⑧表示不同类型环境规制政策对于考虑环境产出的地方绿色全要素生产率的影响, 式中下标 i 代表省份,t 表示年份,η_i 是个体效应,μ_t 是时间效应,ψ_{it} 是随机误差项。

三、数据来源与描述性统计

(一)数据来源

世界各国早期经济发展的实践表明, 经济增长率的微小差异变化会对人均经济福利水平产生较大影响, 国家统计局数据显示 1979—2010 年,中国国内生产总值平均增速为 9.9%,2011—2017 年国家国内生产总值平均增速下降至 7.5%。为避免经济增长下滑造成社会经济福利效率损失,在国际环境复杂多变、全球气候变暖、技术变革迅速、资源能源紧缺等外部环境的驱动下,中国政府正努力寻求以最优经济决策,促进全要素生产率的增长,激活经济发展的内在动力。全要素生产率变动是多因素共同作用的结果,既包含劳工者技能、管理人员素质、生产技术创新等技术性因素,又包含组织管理模式、市场规范体系以及政府公共政策等制度性因素, 还包含行业集聚性、外贸结构、产业结构等结构性因素。

本书主要基于公共政策的角度剖析环境规制政策对于全要素生产率的影响，以期更好地规范资源环境市场交易行为，促进资源要素跨区域跨时期的最优配置。为此，本书选用 2007—2016 年中国 30 个省级行政区域全要素生产率与环境规制的相关数据为研究样本（西藏地区指标数据严重缺失，在定量分析中予以剔除），构建面板模型，进行数理分析。模型中计算全要素生产率、绿色全要素生产率所需，各地区从业人员人数（万人）、二氧化硫排放量（吨）来自国家统计局，能源消耗总量（万吨标准煤）来自《中国能源统计年鉴（2008—2017）》，地区国内生产总值（亿元）来自《中国统计年鉴（2008—2017）》、资本存量（亿元）数据是参考单豪杰（2008）[①] 的永续盘存法，测算了以 1978 年基期的各地区历年资本存量，折旧率取 10.9%，所需原始数据主要来源于《中国国内生产总值历史资料》《新中国 60 年统计资料汇编》以及《中国统计年鉴》等。与环境规制政策相关的数据同前文一致，主要来源于2008—2017年的《中国统计年鉴》《中国环境年鉴》《中国市场化指数》等。

（二）描述性统计与相关分析

运用 STATA13.0 软件，本书对地区全要素生产率指标变量与环境规制政策相关指标变量的自然对数进行描述性统计分析，结果如表 6-17 所示。被解释变量全要素生产率（TFP）与绿色全要素生产率（GTFP）的最大值分别为 1.349052、1，最小值分别为 0.774592、0.2918859，标准差分别为 0.0830005、0.2649133，说明样本区间内各地全要素生产率与绿色全要素生产率均存在显著差异，且绿色全要素生产率指标差异性更大。解释变量中社会参与型政策两项指标（lnPET、lnPLV）标准差较大，表示中国各地区环境健康意识具有

---

① 参见单豪杰：《中国物质资本存量 K 的再估算：1952—2006 年》，《数量经济技术研究》，2008 年第 10 期。

显著差异，社会参与水平层差不齐。行政督察型环境规制政策两项指标
(lnGPQ、lnGSQ)标准差相对较少,表明在中国的党政体制下,各省(市)环保
行政系统人员、职能、机构、体制的设置具有一定的趋同性。

表 6-17　环境规制与全要素生产率主要变量的描述性统计分析

变量	观测值	均值	标准差	最小值	最大值
TFP	300	1.049306	0.0830005	0.774592	1.349052
GTFP	300	0.6427983	0.2649133	0.2918859	1
lnEPQ	274	1.245791	0.7899261	0	3.135494
lnSCR	300	10.81504	0.6857498	9.174829	12.63868
lnGPQ	300	2.978851	0.383116	2.035189	3.557246
lnGSQ	300	1.68182	0.4382278	0.5822156	2.601207
lnELV	299	2.812988	0.7593723	0	4.510859
lnEPN	300	2.2909415	0.7491355	−0.8712934	4.174152
lnPET	298	5.505358	1.014339	0	7.50769
lnPLV	300	3.949987	1.227103	−2.348991	6.90391

在运用面板数据回归分析之前,本书对环境规制政策与全要素生产率
相关变量进行了 Pearson 相关分析(结果见表 6-18),分析结果显示,被解释
变量地区全要素生产率(TFP)与排污费指标(lnSCR)、环境法规指标(lnELV)
间存在显著的负相关关系,且相关系数值较为接近,与政府制度质量指标
(lnPLV)呈显著正相关关系,相关系数较其他解释变量大,与其他变量间的
关系则不显著。被解释变量地区绿色全要素生产率(GTFP)与环境经济政策
指标(lnEPQ),环保行政系统人员素质(lnGPQ),政府制度质量指标(lnGSQ)
以及人大、政协环保提案指标(lnEPN)均呈显著正相关关系,与排污费指标
(lnSCR)呈负相关关系。地区全要素生产率与环境规制政策变量的 Pearson
相关分析亦显示,较传统 TFP 增长而言,环境规制政策对地区绿色 TFP 的激
励效应更为显著。

表 6-18　环境规制与全要素生产率主要变量的 Pearson 相关分析

变量	TFP	GTFP	lnEPQ	lnSCR	LnGPQ	lnGSQ	lnELV	lnEPN	lnPET	lnPLV
TFP	1.000									
GTFP	0.1429**	1.000								
lnEPQ	−0.0044	0.1635***	1.000							
lnSCR	−0.0942*	−0.2779***	0.0737	1.000						
lnGPQ	0.0673	0.3186***	0.0711	−0.1948***	1.000					
lnGSQ	0.1138***	0.3891***	0.3468***	−0.2961***	0.3671***	1.000				
lnELV	−0.0999*	−0.0593	0.1906***	0.1003*	0.2321***	0.2692***	1.000			
lnEPN	0.0427	0.1802***	0.1385**	0.1097*	0.2513***	0.0550	0.1255**	1.000		
lnPET	0.0730	0.0833	0.2563***	0.0052	0.1961***	0.3658***	0.3084***	0.2679***	1.000	
lnPLV	0.0870	0.0572	0.0024	0.2083***	0.2220***	0.0710	0.2398***	0.4035***	0.2379***	1.000

（注：*、**、***分别表示在 10%、5%、1%显著水平上显著）

四、模型计量结果及解释

(一)整体样本的计量结果及解释

利用 2007—2016 年中国 30 个省级行政区域(绿色)全要素长产率以及环境规制政策的相关数据对公式⑦与公式⑧进行回归分析,Hausman 检验结果显示随机效应模型(RE)更为合适。表 6-19 的回归结果整体显示,当前环境规制政策实施对全要素生产率增长(TFP)的影响不显著,且政策强化可能会阻碍其增长。八项环境规制政策指标中仅有排污费指标(lnSCR)、公众信访指标(lnPLV)会对全要素生产率指标(TFP)产生显著性影响,且作用方向相反,影响系数分别为-0.0298678 与 0.0108792。排污费指标(lnSCR)对地区全要素生产率(TFP)负向影响,表明中国环境税费制度尚不能有效激励企业改善粗放型生产经营管理模式,提高投入产出绩效。

可解释的原因为,《中国环境年鉴》统计数据显示,2007—2016 年中国排污费费解缴入库金额由 173.5957 亿元增加至 200.8929 亿元,上涨幅度约为 15.7246%,工业污染源治理投资额由 552.4 亿元增加至 819.0044 亿元,上涨幅度约为 48.2629%。由此可见,中国经济发展中的环境污染治理成本依旧主要由政府和普通公众负担,作为排污主体的企业所承担的环境成本较低,低水平的环境税费制度难以真正驱动企业改进生产效率,环境成本外部化加剧会进一步刺激高污染高耗能产业的发展,不利于中国全要素生产率的改进,因此亟须变革已有环境税费制度,让污染主体承担更多治污成本。公众环境信访指标(lnPLV)会对全要素生产率指标(TFP)产生显著正向影响,与研究假说一致,表明公众环保参与行为能够约束企业生产经营行为,刺激企业进行绿色生产,提高资源要素综合利用率。

公众环境信访次数较频繁的地区,公众环保健康意识较为高,环境污染敏感度较强,能够将企业潜在环境风险与成本显性化,影响地区产业布局与区域经济绿色发展,如 2007 年厦门公众对于环境问题的积极参与,使 PX 项目由计划的厦门海沧迁至漳州古雷,漳州 PX 项目爆炸引发了诸多环境问题。

根据表 6-19,比较环境规制政策对地方全要素生产率两项指标的影响能够发现,环境规制政策对考虑环境产出的绿色全要素生产率(GTFP)的影响更为显著。八个解释变量中,五个变量会对绿色全要素生产率(GTFP)产生显著性影响,其中排污费指标(lnSCR)、环保行政系统人员素质(lnGPQ)对绿色全要素率产生显著负向影响,影响系数分别为 -0.0234608 与 -0.0742077,政府制度质量指标(lnGSQ)、环境法规指标(lnELV)、公众环境信访指标(lnPLV)会对绿色全要素生产率产生显著正向影响,影响系数分别为 0.0268625、0.0114765、0.0084566。

同时,剖析表 6-19 中环境规制政策的影响系数的变动,可知对地区全要素生产率产生负向影响的四个指标(lnEPQ、lnSCR、lnELV、lnEPN),对绿色全要素生产率的负向效应或变弱或转为正向效应,说明随着各地环境规制政策的强化,其对绿色全要素生产率的负向抑制效应可能会逐步削弱,正向激励效应将日渐凸显。长久以来,忽视资源环境成本,依靠政府干预、要素投入驱动经济发展的模式,使得中国生态环境问题日趋严峻,要素投入驱动增长日渐乏力,在经济转型的关键时期,中国面临着环境污染加剧与经济增长下滑的双重压力,亟须改进绿色全要素生产率,推动经济与环境长久相容性发展。

因此,环境规制政策对绿色全要素生产率增长的正向激励表明,未来中国能够依托环境规制政策优化,破解转型期的资源环境危机,更多依靠绿色全要素生产率增长驱动区域经济持续性增长。

表 6-19　环境规制政策对地方全要素生产率的影响

变量	全要素生产率 TFP(RE)	绿色全要素生产率 GTFP(RE)
lnEPQ	−0.0079717	0.0038722
	(−1.26)	(0.93)
lnSCR	−0.0298678***	−0.0234608***
	(−3.02)	(−3.03)
lnGPQ	−0.0070805	−0.0742077*
	(−0.29)	(−1.73)
lnGSQ	0.0000903	0.0268625*
	(0.00)	(1.66)
lnELV	−0.012559	0.0114765*
	(−1.39)	(1.65)
lnEPN	−0.0091214	−0.0028532
	(−1.14)	(−0.51)
lnPET	0.003859	0.0000634
	(0.69)	(0.02)
lnPLV	0.0108792**	0.0084566***
	(2.39)	(2.72)
常数项	1.389656***	1.006324***
	(10.37)	(6.08)
观测值 N	272	272
Wald 值	21.71***	20.30***

（注：系数值后括号内为 z 值，*，**，*** 分别表示在 10%，5%，1%显著水平上显著）

(二)分区域样本的计量结果及解释

运用 STATA13.0 软件对东部 11 省、中部 10 省以及西部 9 省(西藏除外)2007—2016 年地方全要素生产率(TFP)与绿色全要素生产率(GTFP)的十年均值进行统计分析，结果如图 6-7 与图 6-8 所示，整体而言，中国全要素生产率增长呈下滑趋向，东部(绿色)全要素生产率高于中西部，西部全要素生产率增长下降幅度高于中部，但绿色全要素增长上升幅度高于中部，且差距日渐拉大。区域间全要素生产率增长的略微差异会引发社会经济福利的较大差异，绿色全要素生产率的较大差异则意味着中国各地经济发展模式存在较大差异。绿色全要素生产率较高的地区,经济投入产出绩效水平较高,区域增长亦是持续地良性增长,绿色全要素生产率较低的地区,经济发展较粗放,区域增长主要是依靠要素投入增加与生产规模扩张实现的,属于非持续性的短暂增长。

鉴于中国各地(绿色)全要素生产率呈现显著差异,本书分别以东、中、西三地的省域数据为样本,运用STATA13.0软件分区域检验了不同类型环境规制政策对地区(绿色)全要素生产率的影响(结果见表6-20),并据此探讨能否通过环境规制政策优化,转变地区发展模式,提升经济产出绩效。

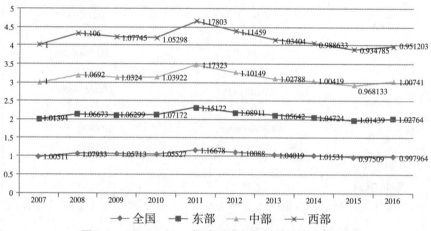

图6-7 2007—2016年分区域全要素生产率(TFP)均值

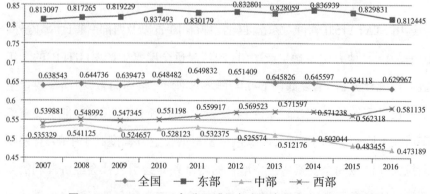

图6-8 2007—2016年分区域绿色全要素生产率(GTFP)均值

环境规制政策影响地方全要素生产率的分地区实证分析显示,东部与中部地区环境规制政策对于不考虑环境产出的地方全要素生产率(TFP)的负向效应较西部地区显著,西部地区环境规制政策对于考虑环境产出的地方绿色全要素生产率(GTFP)的正向效应比东部与中部地区显著。就环境规制政策对全要素生产率的区域影响而言,排污费指标(lnSCR)对三地区全要素生产率均是显著负向效应,政府制度质量指标(lnGSQ)会显著抑制东部、西部全要素生产率增长,环境法规指标(lnELV)对中西部全要素生产率的抑制效应较显著,对东部正向促进作用较显著。就环境规制政策对绿色全要素生产率的区域影响而言,排污费指标(lnSCR)强化会阻碍东部与中部绿色全要素生产率的增长,但对西部会产生显著促进作用,政府制度质量指标(lnGSQ)会显著促进东西部绿色全要素生产率提升,而公民信访指标(lnPLV)对中西部绿色全要素生产率具有显著激励作用。

分地区环境规制政策影响地方全要素生产率的实证分析表明,中国各地区环境规制政策绩效具有显著差异。当前东部和中部环境规制政策不利于(绿色)全要素生产率的提升,西部环境规制政策对于绿色全要素生产率的促进作用相对显著。东部(绿色)全要素生产率高于中西部,社会发展水平较高,全要素生产率对经济增长的贡献度亦高于中西部,依靠环境规制政策改进生产效率的空间相对较小,未来一段时期,东部地区经济增长需更多依靠政府"简政瘦身"与市场"强身健体"消除资源低效配置的结构性障碍,推动市场经济的稳健发展。

中西部绿色全要素生产率水平较低,对经济的贡献度相对较低,潜在发展空间较大。近年来,西部地区通过强化环境规制政策提高了资源要素市场配置效率,促进了绿色全要素生产率的稳步增长,虽然不考虑环境产出的全要素生产率增长较为缓慢,但绿色全要素的持续增长更有助于推动西部地区经济转型与长远发展。中部绿色全要素生产率频频下降则表明其经济主要依靠要素投入驱动,前文中部地区较低的企业技术创新水平和产业结构优化度与高水平的 FDI 流入亦印证了此观点,若不能借助环境规制政策引导其转变粗放型经济增长方式,提升绿色全要素生产率,中部地区经济将最早面临"增长极限"问题,因此较西部而言,中部环境规制政策的优化设计更为任重道远。

(三)分时段样本的计量结果与解释

如图 6-7 与图 6-8 所示,2007—2016 年中国各地全要素生产率的两项指标变动均呈现先上升后下降的趋势,其中,全要素生产率指标(TFP)均值由 1.00511 上升至 1.16678,然后逐渐降低至 0.997964,绿色全要素生产率指标(GTFP)均值由 0.638543 上升至 0.651409,后持续下降至 0.629967。2011年以来,全要素生产率波动下行表明中国经济投入产出效率低下,经济增长内在动力不足,严重制约着区域经济的持续增长。

因此,本书引入时期效应,以 2012 年为界,分时段检验了 2007—2011年与 2012—2016 年各省环境规制对地方全要素生产率的影响,以便科学厘清全要素生产率下降的本质原因,为促进新时代国民经济的提质增效提供可行的政策建议。结果如表 6-21 所示,2007—2011 年,仅有环境法规指标(lnELV)与公众环保信访指标(lnPLV)会对地方全要素生产率增长产生显著促进作用,其余指标均不显著。2012—2016 年,八个指标中有四个指标(lnSCR、lnGSQ、lnELV、lnPLV)能够以不同方式显著影响(绿色)全要素生产率的增长,且(绿色)全要素生产率的负向影响系数更大,说明中国环境规制整体水平偏低,多种资源要素成本未被充分支付,使得市场主体技术进步、效率改进的动机不足,低水平的全要素生产率又会拖累区域经济的绿色发展。

表6-20　分地区环境规制政策对地方全要素生产率的影响

被解释变量 解释变量	全要素生产率指标 TFP			绿色全要素生产率指标 GTFP		
	东部(FE)	中部(RE)	西部(RE)	东部(FE)	中部(RE)	西部(FE)
lnEPQ	-0.0050624	0.0042485	-0.0238171*	-0.0082299	0.0143184	0.0089844
	(-0.67)	(0.29)	(-1.84)	(-0.70)	(1.32)	(0.32)
lnSCR	-0.0353915*	-0.0454221**	-0.080162***	-0.066615***	-0.042997***	0.0823697**
	(-1.76)	(-2.25)	(-3.56)	(-2.60)	(-2.94)	(2.33)
lnGPQ	-0.1361853*	-0.139104	0.2076232	-0.0629459	-0.1358205*	0.4698466***
	(-1.76)	(-0.84)	(0.95)	(-0.99)	(-1.79)	(6.97)
lnGSQ	-0.103035***	-0.0543564	-0.117416***	0.2188701***	-0.0296868	0.0987685*
	(-2.52)	(-0.91)	(-2.91)	(3.92)	(-0.70)	(1.83)
lnELV	0.0451107**	-0.0371844**	-0.0227916	-0.0116071	0.0120555	-0.151747***
	(2.23)	(-2.11)	(-1.27)	(-0.44)	(0.93)	(-6.26)
lnEPN	-0.009793	-0.040728**	0.0134692	0.0338653**	-0.0175165	0.0080434
	(-0.87)	(-2.24)	(0.73)	(1.99)	(-1.36)	(0.24)
lnPET	-0.0035467	0.0070092	-0.0083136	-0.013822	0.007924	-0.0280105
	(-0.45)	(0.61)	(-0.73)	(-1.11)	(0.93)	(-1.35)
lnPLV	0.0119035	0.0541971***	0.0067052	0.0032518	0.0169118*	0.0284776*
	(1.62)	(3.94)	(0.90)	(0.28)	(1.71)	(1.85)
常数项	1.930488***	1.963511***	1.578866**	1.327143***	1.316278***	-1.396871***
	(5.52)	(3.51)	(2.61)	(3.93)	(4.41)	(-3.19)
观测值 N	104	92	76	104	92	76
F 或 Wald	3.41***	2.82***	3.64***	23.94***	14.74***	89.91***
Hausman test	43.56***	2620.07***	26.98***			

（注：系数值后括号内为t值或z值，*，**，***分别表示在10%,5%,1%显著水平上显著）

表 6-21　分时段各省环境规制政策对地方全要素生产率的影响

被解释变量／解释变量	全要素生产率指标 TFP		绿色全要素生产率指标 GTFP	
	2007–2011（FE）	2012–2016（FE）	2007–2016（RE）	2012–2016（FE）
lnEPQ	−0.0011681	−0.0129342	−0.0005288	−0.0120576
	（−0.12）	（−1.46）	（−0.06）	（−1.28）
lnSCR	0.0025317	−0.0459907**	−0.0001141	−0.0378793
	（0.16）	（−2.01）	（−0.01）	（−1.55）
lnGPQ	−0.0961612	0.467311	−0.0280141	−1.617534
	（−1.50）	（0.19）	（−0.57）	（−0.61）
lnGSQ	−0.0222279	−0.1553355***	0.0446498	−0.1222661*
	（−0.56）	（−2.61）	（1.44）	（−1.93）
lnELV	0.0902396**	−0.0167853	0.0269163	0.02239*
	（2.39）	（−1.36）	（0.99）	（1.70）
lnEPN	0.0117683	−0.0164133	0.0096143	0.0147799
	（1.11）	（−0.95）	（1.11）	（0.80）
lnPET	−0.0026195	0.0117354	−0.0014946	0.0001973
	（−0.42）	（1.01）	（−0.29）	（0.02）
lnPLV	0.0244927***	0.0243898	0.002618	0.0401612**
	（4.72）	（1.42）	（0.61）	（2.19）
常数项	1.033299***	0.3429541	0.5646692***	4.613009
	（3.67）	（0.05）	（2.60）	（0.59）
观测值 N	127	145	127	145
F 或 Wald	9.52***	4.40***	4.78(不显著)	3.16***
Hausman test	16.14**	20.60***		15.92**

（注：系数值下小括号内为 t 值或 z 值，*，**，*** 分别表示在 10%，5%，1%显著水平上显著）

第五节　本章小结

罗伯特·卢卡斯（Robert Lucas，1988）曾言，一旦人开始思考经济增长问题时，就无暇他顾，长久以来，各领域学者亦在孜孜不倦地探寻经济增长的奥秘。经济学关注的焦点问题是如何对稀缺性资源进行优化配置,以生产或提供较多的商品与服务,满足人类发展的多样化需求。资源配置的基本方式分为政府和市场两类,理论上,市场自由竞争是实现资源优化配置的最佳手段,实践中,市场诸多失灵引发政府干预。对于以公有制经济为主体的发展中国家而言,政府部门掌握着较多的资源决策权,政府工具在市场经济发展的过程中扮演着更为重要的角色。

改革开放以来,依靠人口红利、资源红利与开放红利释放的经济发展活力以及高储蓄率、高投资率和低消费率的投资驱动模式,国民经济获得迅速发展,但随着人口、资源红利日渐消退以及边际收益递减的劳动与资本投入对经济增长贡献接近极限,依靠科技进步、结构调整、资本优化、制度创新等提升经济发展的质量,成为新时代背景下推动中国经济健康、持续、稳定发展的重要路径。环境规制政策作为政府部门规范市场行为,优化资源配置的重要工具,其在引导企业技术创新、产业结构变迁、国际资本流动以及全要素生产率变动等经济实践领域究竟扮演着何种角色,发挥着怎样的作用需要借助数理统计分析将抽象复杂的逻辑架构分解为务实具体的政策论据。

环境规制政策影响经济增长机理的实证检验表明环境规制政策的实施有助于促进市场技术创新、产业结构变迁以及 FDI 水平的提高,但对于全要素生产率的影响尚不明确,并且不同类型环境规制政策对经济增长的影响方式与程度存在较大差异,经济激励型政策的技术创新效应与产业结构变迁效应优于其他指标,社会参与型政策对 FDI 水平和全要素生产率的正向影响较其他指标显著。与此同时,不同区域间环境规制政策的经济绩效亦存在显著差异。东部环境规制政策的技术创新效应与产业优化效应均最优,中部环境规制政策对 FDI 的吸纳效应较其他两地显著,西部环境规制政策对绿色全要素生产率的激励效应最显著。因此,整体而言,环境规制政策强化有助于推动中国经济高质量发展,各地区需要结合自身发展的阶段、优势、特色以及不足等,因地制宜、因时制宜地优化环境规制政策,激励地方企业技术创新、产业结构优化,提升外商直接投资质量与全要素生产率水平,促进区域经济与环境的协调发展。

第七章 结 论

　　巴里·艾肯格林(Barry Eichengreen)曾言随着农村剩余劳动力耗尽、服务业生产率接近极限、资本边际收益递减、技术溢出效应减弱等,快速增长的经济体必然会出现增速下滑。[①]世界银行的研究亦显示,鲜有国家能够在较长时期内持续保持较高增长速度,1961—2011 年,全世界仅有中国、博茨瓦纳、新加坡、韩国和赤道几内亚五个国家人均 GDP 年均增长率超过了 5.2%。[②]长期以来,中国经济一直保持较高的增长速度,正如谚语"所有美好的事物都会结束"所言,以 2011 年为界限,中国经济发展进入了新阶段,经济增速呈现下滑倾向。

　　在经济转轨的攻坚期,为避免陷入"中等收入陷阱",力争在 2020 年全面建成小康社会,党的十八以来,中央政府大刀阔斧地在金融、财税、土地、国企、环境等多领域推进了供给侧结构性改革,以期激活资源要素市场活

[①]　See Barry Eichengreen, Donghyun Park, Kwanho Shin, 2011, *When Fast Growing Economies Slow Down: International Evidence and Implications for China*, NBER Working Papers 16919, National Bureau of Economic Research, Inc.

[②]　参见中国社会科学院经济学部:《解读中国经济新常态:速度、结构与动力》,社会科学文献出版社,2015 年,第 98 页。

力,优化经济结构,提升实体经济供给质量,在诸多改革中,环保与扶贫日渐成为中国经济增长的新秘方。①鉴于日渐严峻的环境污染与资源紧缺问题成为当前束缚中国经济发展的主要瓶颈,本书重点探讨了环境保护与经济增长的关系,从生成逻辑、理论解释、作用路径等方面剖析了环境规制影响经济增长的内在机理,并运用2007—2016年中国省级面板数据对此理论机理加以检验,从而为合理地设计最优的环境规制政策制度,促进区域经济与环境的协调发展提供可行的政策建议。

第一节　研究结论

本书在依据规制经济学、公共政策学、发展经济学以及公共管理学等交叉学科理论,阐释环境规制政策影响经济增长理论机理的基础上,选择以中国30个省级行政区域十年的面板数据为研究样本,构建面板数据模型依次检验了不同类型环境规制政策对于地区企业技术创新、产业结构优化、FDI水平以及全要素生产率变动的影响(汇总结果见表7-1),以期对中国各省经济发展状况与环境规制政策实践绩效进行科学的度量, 及时发掘区域经济发展不足之处与环境规制政策改进空间。基于前文分析,本书得到如下结论:

(1)资源环境是经济持续增长的刚性约束,环境规制是中国经济转型的必然选择。理论上,从马尔萨斯的"人口论"、李嘉图递增的差额地租定律到罗马俱乐部"增长的极限理论"、里夫金的"熵世界观"等均表明经济增长受资源环境的制约,粗放型发展模式难以持续。实践中,为执行满足人类健康安全需求设置的各项环境达标率,政府部门不仅需要投入大量人力、物力、

---

① 参见金碚:《环保与扶贫是中国经济增长新秘方》,《人民日报》,2018年1月14日。

财力,亦需要关闭整顿一定数量的工厂、定额限制车辆出行、厂房生产等,环境问题被纳入经济增长函数之中。为寻求经济与环境协调发展,近年来中国环境规制政策持续改进。2007—2016年,衡量环境规制政策的八个指标中七个指标全国均值呈现波动上升趋势,其中经济激励型政策指标增长速度优于其他指标,说明政府部门日益重视以价格、财税、金融等经济手段调动市场主体环保积极性,促进区域经济的绿色增长。与之相对,行政督察型政策指标变动相对平缓,意味着当前中国环保行政系统较为僵化,环境管理体制变迁阻力较大,这在一定程度上会抑制行政督察型环境政策绩效的发挥。

(2)中国经济增长整体表现稳中向好,区域经济持续呈现非均衡性增长。本书衡量经济增长的八项指标中六项指标全国均值呈现波动上升趋势,其中地方产业优化度两项指标增长优于技术创新与FDI的增长,说明近年来供给侧结构性改革取得显著成绩,中国产业结构高级化水平正在稳步上升,资源要素正逐渐从低效率、低效益的产业部门转移到高效率、高效益的产业部门,产业升级释放的结构性红利有助于增强经济增长的内在活力,促进国民经济的高质量发展。

企业技术创新指标中发明专利总指标增长较快,绿色技术创新指标增长缓慢,说明在技术引领变革的动态环境中,虽然中国科创项目、种类、总量较多,但其转移、应用、扩散的速度较慢,创新质量参差不齐,绿色技术发展滞后等抑制了其对国民经济的驱动作用,亦间接阻碍了中国(绿色)全要素生产率的增长。

FDI单位规模与单位效益的缓慢增长,说明在"独立自主的和平外交政策"与"摸着石头过河的渐进式改革模式"下,中国经济发展的内外部政治、经济、社会环境相对稳定,降低了国际资本流动的风险,吸引着较多FDI流入,中国对外贸易结构与方式在不断优化。全要素生产率与绿色全要素生产率的下行趋势,则表明长久以来,中国经济增长主要依靠要素投入驱动,内在动力不足,资源要素投入产出效率低下,经济发展方式的转型迫在眉睫。

与此同时,分区域经济增长指标的描述性统计分析显示,东部地区企业技术创新水平、产业结构优化度以及全要素生产率均高于中西部地区,且差距持续保持在高位,说明中国区域间经济依旧呈现非均衡增长的特点,东部最优,中部次之,西部最弱,亟须寻求更加包容性的增长方式,缩小区域间经济差异,促进社会财富的公平分配,让更多人民共享发展的成果。

(3)环境规制政策会通过多种路径影响经济增长,不同类型环境规制政策的经济绩效具有显著差异。环境规制政策影响经济增长机理的理论研究表明,环境规制政策能够通过影响资源要素价格、企业运营成本、商品需求结构、地区比较优势、产业市场集聚等不同路径影响地区企业技术创新、产业结构升级、FDI水平以及全要素生产率的变动。环境规制政策影响经济增长机理的实证检验表明,环境规制政策对于经济增长不同指标变量的影响存在显著差异,整体而言,环境规制政策对地区产业结构优化的促进作用最优,对企业技术创新与FDI的正向效应次之,对于全要素生产率的影响尚不确定。

(4)不同类型环境规制政策的经济绩效具有显著差异,八种具体化环境规制政策中,仅有排污费(lnSCR)与公众环境信访(lnPLV)两项指标对八个被解释变量(经济增长指标)均具有显著性影响,且以正向影响为主,说明较其他环境规制政策而言,绿色税费征管与公民民主参与更能有效激发市场主体技术创新活力,改进生产要素配置效率,推动区域产业结构的优化、FDI单位规模和效益的提升。环保行政系统人员的素质(lnGPQ)与环境宣教次数(lnPET)两项指标对于经济增长指标的正向影响较不显著,说明它们是践行绿色发展理念的短板所在,为保障环境规制政策系统整体功能的有效发挥,亟须优化环保行政人员素质,提高社会环境宣教水平。

(5)区域间环境规制政策的经济绩效具有显著差异,寻求绿色发展的政策路径各不相同。如表7-1所示,分地区环境规制政策影响经济增长的实证检验结果显示,各区域间环境规制政策工具的组合结构、规管强度、作用方式等具有诸多差异,对于经济增长影响的范围、力度、方向亦存在显著差异,东部地区环境规制政策的技术创新效应与产业结构高级化效应均最优,中部地区环境规制政策对 FDI 的吸纳作用较其他两地显著,西部地区环境规制政策对绿色全要素生产率的正向激励最显著。东部地区经济发展水平较高,支撑经济绿色转型的资源相对丰富(如雄厚的资金、良好的教育、便捷的交通、先进的科技等),高水平的环境规制政策发挥着"锦上添花"的作用,能够借助环境规制政策诱发的技术创新与产业升级效应,推动区域经济转型与发展。与东部不同,中部经济发展较为滞后,环境规制政策的经济绩效较差,虽然环境规制政策实施能够提升其 FDI 水平,但依靠资本投入驱动经济增长的方式属于非持续性增长,现有的环境规制政策难以支撑其经济转型,或将最早面临"增长极限"问题。对于西部地区而言,环境规制政策对经济增长的正向影响略优于中部地区,经济发展呈现"名降实升"的特点,虽然不考虑环境产出的全要素生产率增长较为缓慢,但环境规制政策对绿色全要素生产率的促进作用,显著提升了其经济增长的内在动力,未来依托绿色全要素生产率实现地域经济转型的潜力较大。

(6)环境领域改革对于经济增长的影响有限,经济增长有赖于多领域改革的协同推进。经济增长理论研究与实践经验的历史演变表明,资源禀赋、资本储蓄、劳动力增长、技术进步、经济结构、政府政策、人力资本等在驱动经济增长,增进社会福利的过程中扮演着重要角色,并且随着经济发展过程中生产要素投入边际收益率的递减,资源禀赋、资本储蓄、劳动力增长的贡献会日渐缩减,技术进步、经济结构、政府政策、人力资本等的作用日渐凸显。

本书理论研究显示,以环境规制政策为代表的环境领域改革对于优化资源要素配置方式,提升资本投入产出回报率具有积极的促进作用,2007—2016 年环境规制政策对地方经济增长影响的实证检验结果亦显示环境领域规制政策强化对于地区企业技术创新、产业结构升级、FDI 水平以及全要素生产率提升具有显著的正向影响。但整体检验、分地区检验、分时期检验、分类别检验的结果均显示环境规制政策对地方经济增长的影响系数较小，单纯依靠环境领域的规制改革难以有效推动中国经济整体转型，实体经济的持续性增长有赖于经济、政治、社会、民生、环境等多领域改革的协同推进。

表 7-1　2007—2016 年环境规制政策对地方经济增长的影响

	变量	企业技术创新		产业结构升级		外商直接投资		全要素生产率	
		lnTE	lnGTE	lnIST	lnISU	lnFDIS	lnFDIB	TFP	GTFP
全部样本	lnEPQ	+***	+**	+***	+***	–	+***	–	+
	lnSCR	+***	+***	+***	+***	–*	+***	–***	–***
	lnGPQ	–***	–	–	+	–	–	–	–*
	lnGSQ	+**	–	+***	+***	+***	+	+	+**
	lnELV	+	+***	–	+***	+***	+	–	+**
	lnEPN	+**	+***	+**	+**	+**	+	+	–
	lnPET	+	+	–	+*	+***	–	+	+
	lnPLV	+***	+***	+***	+***	+***	+***	+***	+***
东部样本	lnEPQ	+**	+***	+***	+	–**	+***		
	lnSCR	+***	+**	+***	+***	+**	+***	–*	–***
	lnGPQ	–***	–*	–***	+***	–	–***	–*	
	lnGSQ	+**		+**	+***	+**	+	–**	+***
	lnELV	–	+**	–	+***	+**	–**	+***	
	lnEPN	–	+**	+	+	+	+	–	+**
	lnPET	+	–***	–	+	+***	–**		
	lnPLV	–***	+***	+***	+***		+***	+	+
中部样本	lnEPQ	+***	+	+	+	+	–	+	+
	lnSCR	–	+**	+***	+***	+***	+***	–**	–***
	lnGPQ	+		+	+	–**	+***		–*
	lnGSQ	+	+	+**	+	+***	+**	–	
	lnELV	+	+	+	+**	+***	+		
	lnEPN	+***	+	+**	+	+	–	–***	
	lnPET	+	+**		+***	–	+**	+	
	lnPLV	–***	+***	–、	+***	+***	+***	+***	+**

	变量	企业技术创新		产业结构升级		外商直接投资		全要素生产率	
		lnTE	lnGTE	lnIST	lnISU	lnFDIS	lnFDIB	TFP	GTFP
西部样本	lnEPQ	+ ***	+	+ ***	+	−	+ ***	− *	+
	lnSCR	+ ***	−	+ ***	+	+	+ ***	− ***	+ **
	lnGPQ	− ***	−	− **	− ***	+ **	+	+	+ ***
	lnGSQ	+ ***	+	+	+ ***	+ ***	+ ***	− ***	+ **
	lnELV	+ *	+ ***	+	+ ***	+	− **	−	− ***
	lnEPN	+ **	+ **	+	+	−	+	+	+
	lnPET	+	+	−	+ ***	+	+	+	+
	lnPLV	− ***	+ ***	+	+	+ **	+ ***	+	+ **

（注:+ 表示影响系数为正,− 表示影响系数为负,*,**,*** 分别表示在 10%,5%,1%
显著水平上显著）

第二节 政策蕴含

环境规制影响经济增长机理研究蕴含着丰富的政策含义,为更好地发挥环境规制政策的经济绩效,推动地区经济高质量发展,本书给出如下政策建议:

（1）坚持清单式管理的思维,明晰环境规制目标使命。政府对资源环境市场的介入像钟摆一样在自由放任与国家干预之间反复晃动,对任何一方失偏,都会对市场效率和社会福利产生深远影响。环境规制本质上是一个最优机制设计的问题,在规制者（政府主体）和受规制者（市场主体）的信息结构、约束条件和可行工具的前提下,分析双方行为和最优权衡,在激励和抽租之间进行权衡和取舍,设计出最佳合约菜单,以最低监控成本促进市场上资源节约与环境保护行为。环境规制过多或过少均不利于经济社会的长效发展,为降低规制成本,寻求政府与市场间的恰当均衡,需要坚持清单式管理思维,厘清环境规制的问题清单、权力清单与责任清单,并通过开展横向与纵向领域环境规制的"清权、确权、晒权和制权"活动,明晰各部门环境规制的权责目标,为更好地发挥环境规制政策的经济绩效提供根本保障。

(2)厘清环境规制政策作用机理,丰富环境规制政策工具类型。环境规制是一项复杂的社会系统性工程,规制政策目标的实现有赖于多样化规制政策工具的协同发力。因此需要借助多学科研究厘清各类环境规制政策影响经济增长的内在机理,明晰不同类型环境规制政策影响市场主体生产消费行为的内在动力机制,以多样化的环境政策试点为媒介,不断丰富环境规制工具类型,推进资源环境管理领域实现由单一管制向多元共治的转变。

对于新时代的中国而言,既要以生产要素市场化改革为契机,丰富以环境财税、生态补偿、绿色金融等为代表的经济激励型环境规制政策,提升企业技术创新、产业结构升级激励强度,又要以"善治"视域下政府职能转变为抓手,构建"深绿色"环境规制体系,优化环境政务管理系统,提高政府环保行政效能,同时亦需要以法治国家与美丽中国建设为支点,严格环境立法,提高环境权的法律位阶,保障公众的生态环境话语权,尽可能压缩政府与企业寻租合谋空间,提升地区全要素生产率,促进区域经济绿色转型与发展。

(3)立足区域经济发展现状,寻求环境领域精准规制。中国区域经济非均衡性发展特征明显,东部、中部、西部地区经济基础、产业结构、要素禀赋、人口密集度等存在较多差异,资源能源紧缺程度、节能减排的边际成本、边际收益亦存在显著差异,采用粗放型"一刀切"式的环境规制政策,在割除"经济杂草"的同时,"经济庄稼"往往也难逃劫难。[①]因此,各地区应该立足区域经济发展现状,科学估量各行政辖区内生态环境可承载阈值以及面临的主要资源环境问题,明晰各自环境规制政策的主体、对象、范围、方式、依据、责任等,因地制宜、因时制宜地推进环境领域精准规制,减少环境规制政策

---

① 参见王永强、管金平:《精准规制:大数据时代市场规制法的新发展——兼论〈中华人民共和国食品安全法(修订草案)〉的完善》,《法商研究》,2014年第6期。

运行阻力,提升区域环境规制政策经济绩效。

具体而言,东部地区人口密集,环境污染与能源紧缺问题严峻,环境规制政策经济绩效良好,能够依托多样化的环境规制政策激励企业技术创新与区域产业结构升级,西部地区人口稀少,原生环境较脆弱,生态修复问题更棘手,需要依托政府主导的行政督察型环境规制政策提升企业全要素生产率,促进区域经济绿色发展,中部地区当前依靠要素投入驱动的粗放型经济发展特征较为明显,潜在的环境风险日渐增多,亟须借鉴东部与西部经验,深化资源环境市场改革,严格环境规制力度,提升规制政策绩效。

(4)建设环境信息服务平台,以大数据助力绿色发展。在信息化、数字化、网络化的新时代,大数据的出现,在影响、重塑社会政治结构和人类思维方式的同时,亦重塑着环境治理的组织结构与经济运转的方式。完全信息是理性环境规制的基础和依据,长期以来,环境规制领域信息收集成本高昂、信息缺乏、信息不对称等极易引发环境规制政策失灵,抑制环境规制政策经济绩效的发挥。

因此,各地可以通过建设环境信息服务平台,利用移动互联网技术、物联网技术、GIS技术对各地不断变化的资源环境问题实施监控,以适时获取的环境监测数据为依据,推进环境规制决策的科学化,环境政策执法的精细化以及环保民主参与的便捷化,降低环境规制政策交易成本。同时,各地区还应抓住新技术革命的重要引擎,以"大数据+大生态"构建区域经济绿色发展新格局,竞相建设生态环保示范园区,积极发展环保旅游服务业、数据信息产业以及高端制造业等。

(5)推进关键领域配套改革,兜底民生缓解转型压力。中国崛起在国际上被视为21世纪最重要的地缘政治和经济事件。"人无远虑必有近忧",理性思考中国经济现状与未来,可知中国正处在一个"黄金发展期"与"矛盾凸显期"的夹缝之中,同时又徘徊于结构性与制度性纠结的十字路口。[①]新时代,中国经济发展阶段与社会主要矛盾的转换意味着中国经济社会转型迫在眉睫,为转变经济增长方式,淘汰落后低效企业,化解过剩产能,传统的资源劳动密集产业势必受到多样化环境规制政策的围追堵截,在"未富先老"的背景下,产业调整诱发的结构性失业问题亦加剧了社会冲突和矛盾。中国经济发展面临重重困境,单纯依靠环境规制政策的优化调整难以实现中国经济顺利转型,政府需要加速推进教育、就业、扶贫、社保、收入分配等关键领域的配套改革,完善兜底民生的社会保障政策体系,以有效舒缓结构改革与制度变迁中基层社会的张力冲突,减少产业结构调整与经济发展方式转型的阻力,更好地推动国民经济高质量发展。

第三节 研究展望

吸收借鉴众多国内外学者的已有研究,怀揣着对知识的敬畏之心,本书对环境规制政策影响经济增长机理进行了较翔实的研究,为新时代优化环境规制政策,推动经济高质量发展提供了有益参考,但困于本人目前的知识水平与思辨能力,文中仍存在诸多问题与不足,以待在未来研究中进一步拓展。

(1)样本选择方面,由于当前微观层面经济数据难以获取,本书选择了中国30个省级行政区域的相关数据为研究样本,从中观层面对环境规制政策影响经济增长机理进行了实证检验,缺乏对微观企业、具体行业以及县域经济增长相关数据的分析,且文中缺乏具体环境政策演变案例分析以及国

---

① 参见齐鑫:《解读中国经济的80个指数》,上海财经大学出版社,2011年,第2页。

际间环境规制政策经济绩效的比较研究，这是将来进一步辨析环境规制与经济增长关系的重要方向。

（2）研究内容方面，多样化的环境规制政策会通过多种路径影响经济增长，环境规制政策与经济增长并非简单的线性关系。本书在衡量环境规制政策经济绩效的过程中，虽然分类别估量了各类环境规制政策对经济增长的正负影响，但尚未对其与经济增长的 U 型关系进行深入剖析，没有计算各类环境规制政策的 U 型拐点。与此同时，环境规制政策的经济效益是多层面的，并非局限于企业技术创新、产业结构优化、FDI 水平以及全要素生产率变动四个方面，其亦会对劳动者就业、产业竞争力、宏观经济波动等产生重要影响，未来需要进一步拓展环境规制政策与经济增长不同指标间 U 型关系的研究。

（3）话语体系方面，中国经济社会发展成功的重要经验之一是中国十分重视立足本土政策实践，以马克思主义、毛泽东思想与中国特色社会主义理论为指导，构建中国本土化的政策话语体系，以中国本土化的政策话语理论解决中国本土的政策现实议题。21 世纪以来，在寻求绿色发展的道路上，中国亦探索建立了诸如环境保护联席会议制度、河长制、湖长制、林长制等富具中国本土特色的环境规制政策，但本书尚未对中国特色环境规制政策进行系统梳理，总结提炼本土化原创性的环境经济理论，用以指导中国区域经济绿色发展，这可能是未来提升中国环境规制政策经济绩效需要进行的重点研究。

参考文献

一、中文著作

1.《马克思恩格斯全集》(第23卷),人民出版社,1972年。

2.陈振明:《政府工具导论》,北京大学出版社,2009年。

3.傅京燕:《环境规制与产业国际竞争力》,经济科学出版社,2006年。

4.江珂:《中国环境规制对技术创新的影响》,知识产权出版社,2015年。

5.李克国、魏国印、张宝安:《环境经济学》,中国环境出版社,2003年。

6.李友梅、刘春燕:《环境社会学》,上海大学出版社,2004年。

7.林毅夫:《繁荣的求索:发展中经济如何崛起》,北京大学出版社,2012年。

8.林毅夫:《解读中国经济》,北京大学出版社,2012年。

9.林毅夫:《新结构经济学——反思经济发展与政策的理论框架》,北京大学出版社,2012年。

10.牛文元:《持续发展导论》,科学出版社,1994年。

11.齐鑫:《解读中国经济的80个指数》,上海财经大学出版社,2011年。

12.任保平、钞小静、师博、魏婕:《经济增长理论史》,科学出版社,2014年。

13.沈满洪:《资源与环境经济学》,中国环境科学出版社,2007年。

14.王文普:《环境规制与经济增长研究——作用机制与中国实证》,经济科学出版社,2013年。

15.王珍:《人口、资源与环境经济学》,合肥工业大学出版社,2006年。

16.杨伯溆:《全球化:起源、发展和影响》,人民出版社,2002年。

17.张帆、夏凡:《环境与自然资源经济学》(第三版),格致出版社、上海人民出版社,2015年。

18.中国社会科学院经济学部:《解读中国经济新常态:速度、结构与动力》,社会科学文献出版社,2015年。

二、中译文著作

1.[英]A.C.庇古:《福利经济学》,朱泱、张胜纪、吴良建译,商务印书馆,2006年。

2.[美]迈里克·弗里曼:《环境与资源价值评估——理论与方法》,曾贤刚译,中国人民大学出版社,2002年。

3.[英]E.戈德史密斯:《生存的蓝图》,程福祜译,中国环境科学出版社,1987年。

4.[美]R.科斯、[美]A.阿尔钦、[美]D.诺斯等:《财产权利与制度变迁》,胡庄君、陈剑波等译,上海三联书店、上海人民出版社,1994年。

5.[美]W.W.罗斯托:《富国与穷国》,王一谦、陈义、邱志峰等译,北京大学出版社,1990年。

6.[美]阿兰·兰德尔:《资源经济学——从经济角度对自然资源和环境政策的探讨》,施以正译,商务印书馆,1989年。

7.[美]阿维那什·迪克西特:《经济政策的制定:交易成本政治学的视角》,刘元春译,中国人民大学出版社,2004年。

8.[美]埃里克·弗里博顿、[德]鲁道夫·芮切特:《新制度经济学:一个交易费用分析方式》,姜建强、罗长远译,上海三联书店,2005年。

9.[美]埃莉诺·奥斯特罗姆、[美]拉里·施罗德、[美]苏珊·温:《制度激励与可持续发展——基础设施政策透视》,毛寿龙译,上海三联书店,2000年。

10.[美]保罗·克鲁格曼:《萧条经济学的回归》,朱文晖、王玉清译,中国人民大学出版社,1999年。

11.[美]查尔斯·D.科尔斯塔德:《环境经济学》(第2版),彭超、王秀芳译,中国人民大学出版社,2016年。

12.[美]查尔斯·J.福克斯、[美]休·T.米勒:《后现代公共行政:话语指向》,楚艳红、曹沁颖、吴巧林译,中国人民大学出版社,2013年。

13.[美]丹尼尔·F.史普博:《管制与市场》,余晖、何帆、钱家骏、周维富译,上海人民出版社,2008年。

14.[美]丹尼尔·A.科尔曼:《生态政治——建设一个绿色社会》,梅俊杰译,上海译文出版社,2002年。

15.[美]丹尼尔·W.布罗姆利:《充分理由:能动的实用主义和经济制度的含义》,简练、杨希、钟宁桦等译,上海人民出版社,2008年。

16.[美]丹尼尔·W.布罗姆利:《经济利益和经济制度——公共政策的理论基础》,陈郁等译,上海三联出版社、上海人民出版社,1996年。

17.[美]丹尼斯·米都斯等:《增长的极限:罗马俱乐部关于人类困境的报告》,李宝恒译,吉林人民出版社,1997年。

18.[美]道格拉斯·C.诺斯:《经济史中的结构与变迁》,陈郁、罗华平译,上海三联书店、上海人民出版社,1994年。

19.[日]饭岛伸子:《环境社会学》,包智明译,社会科学文献出版社,1999年。

20.[德]格拉德·博格斯贝格、[德]哈拉德·克里门塔:《全球化的十大谎言》,胡善君、徐建东译,新华出版社,2000年。

21.[日]宫本宪一:《环境经济学》,朴玉译,生活·读书·新知三联书店,2004年。

22.[美]赫伯特·马尔库塞:《工业社会与新左派》,商务印书馆,1982年。

23.[美]赫尔曼·E.戴利、[美]乔舒亚·法利:《生态经济学原理和应用》(第二版),金志农、陈美球、蔡海生等译,中国人民大学出版社,2013年。

24.[美]赫尔曼·E.戴利:《超越增长——可持续发展的经济学》,诸大建、胡圣等译,上海译文出版社,2001年。

25.[美]霍斯特·西伯特:《环境经济学》,蒋敏元译,中国林业出版社,2001年。

26.[美]杰拉尔德·迈耶、[美]约瑟夫·斯蒂格利茨:《发展经济学前言:未来展望》,中国财政经济出版社,2004年。

27.[美]杰里米·里夫金、[美]特德·霍华德:《熵:一种新的世界观》,吕明、袁舟译,上海译文出版社,1987年。

28.[德]柯武钢、史曼飞:《制度经济学:社会秩序和公共政策》,韩朝华译,商务印书馆,2000年。

29.[美]克鲁蒂拉、[美]费舍尔:《自然环境经济学——商品性和舒适性资源价值研究》,汤川龙、王增东等译,中国展望出版社,1989年。

30.[美]莱斯特·R.布朗:《建设一个持续发展的社会》,祝友三译,科学技术文献出版社,1984年。

31.[美]罗伯特·E.霍尔、[美]戴维·H.帕佩尔:《宏观经济学:经济增长、波动和政策》(第六版),沈志彦译,中国人民大学出版社,2007年。

32.[美]罗纳德·H.科斯:《财产权利与制度变迁——产权学派与新制度学派译文集》,刘守英等译,上海人民出版社,2014年。

33.[英]迈克·费恩塔克:《规制中的公共利益》,戴昕译,中国人民大学出版社,2014年。

34.［美］迈克尔·P.托罗达:《经济发展》(第六版),黄卫平、彭刚等译,中国经济出版社,1991年。

35.［美］曼瑟·奥尔森:《国家的兴衰——经济增长、滞胀和社会僵化》,李增刚译,上海人民出版社,2007年。

36.［法］让·雅克·拉丰、［法］让·梯若尔:《政府采购与规制中的激励理论》,石磊、王永钦译,上海人民出版社,2004年。

37.［美］史蒂芬·布雷耶:《规制及其改革》,李洪雷、宋华琳、苏苗罕等译,北京大学出版社,2008年。

38.［美］汤姆·蒂坦伯格、［美］琳恩·刘易斯:《环境与自然资源经济学》,王晓霞、杨鹂、石磊、安树民等译,中国人民大学出版社,2011年。

39.［美］托马斯·R.戴伊:《自上而下的政策制定》,鞠方安、吴忧译,中国人民大学出版社,2002年。

40.［瑞典］托马斯·思德纳:《环境与自然资源管理的政策工具》,张蔚文、黄祖辉译,上海人民出版社,2005年。

41.［美］西蒙·史密斯·库兹涅茨:《现代经济增长——速度、结构与扩展》,戴睿、易诚译,北京经济学院出版社,1989年。

42.［美］小贾尔斯·伯吉斯:《管制与反垄断经济学》,冯金华译,上海财经大学出版社,2003年。

43.［美］约翰·威廉森:《开放经济和世界经济》,马建堂、蔡文国、晏松柏译,上海三联书店,1990年。

三、期刊报纸

1.蔡昉:《人民要论:以全要素生产率推动高质量发展》,《人民日报》,2018年11月9日。

2.陈鸿燕:《党的十八大以来党中央治国理政纪实》,《人民日报》,2016年1月4日。

3.陈振明、薛澜:《中国公共管理理论研究的重点领域和主题》,《中国社会科学》,2007年第3期。

4.单豪杰:《中国物质资本存量K的再估算:1952—2006年》,《数量经济技术研究》,2008年第10期。

5.范玉波:《环境规制的产业结构效应历史逻辑与实证》,山东大学博士学位论文,2016年。

6.傅京燕:《环境成本内部化与产业国际竞争力》,《中国工业经济》,2002年第6期。

7.改革开放四十年课题组:《中国改革开放四十年:经验与启示》,《武汉金融》,2018年第10期。

8.韩超、张伟广、冯展斌:《环境规制如何"去"资源错配——基于中国首次约束性污染控制的分析》,《中国工业经济》,2017年第4期。

9.韩庆祥:《党中央治国理政新理念新思想新战略形成的时代背景》,《人民日报》,2016年6月1日。

10.洪大用:《环境社会学的研究与反思》,《思想战线》,2014年第4期。

11.胡鞍钢:《未来经济增长取决于全要素生产率的提高》,《政策》,2003年第1期。

12.胡建兵、顾新一:《政府环境规制下企业行为研究》,《商业研究》,2006年第19期。

13.胡元林、陈怡秀:《环境规制对企业行为的影响》,《经济纵横》,2014年第7期。

14.黄清煌、高明:《环境规制对经济增长的数量和质量效应——基于联立方程的检验》,《经济学家》,2014年第4期。

15.黄新华:《政府规制研究:从经济学到政治学和法学》,《福建行政学院学报》,2013 年第 5 期。

16.黄新华:《政治过程、交易成本与治理机制——政策制定过程的交易成本分析理论》,《厦门大学学报》(哲学社会科学版),2012 年第 1 期。

17.贾兴平、刘益、廖勇海:《利益相关者压力、企业社会责任与企业价值》,《管理学报》,2016 年第 2 期。

18.江珂、卢现祥:《环境规制相对力度变化对 FDI 的影响分析》,《中国人口·资源与环境》,2011 年第 11 期。

19.金碚:《环保与扶贫是中国经济增长新秘方》,《人民日报》,2018 年 1 月 14 日。

20.李多、董直庆:《绿色技术创新政策研究》,《经济问题探索》,2016 年第 2 期。

21.李国平、杨佩刚、宋文飞、韩先锋:《环境规制、FDI 与"污染避难所"效应——中国工业行业异质性视角的经验分析》,《科学与科学技术管理》,2013 年第 10 期。

22.李梦洁:《环境规制、行业异质性与就业效应——基于工业行业面板数据的经验分析》,《人口与经济》,2016 年第 1 期。

23.李培才:《政府干预:一种价值选择——从经济学到法学》,《郑州大学学报》(哲学社会科学版),2006 年第 3 期。

24.李璇:《供给侧改革背景下环境规制的最优跨期决策研究》,《科学学与科学技术管理》,2017 年第 1 期。

25.李杨、武力:《改革开放四十年来中国经济的全面高速发展》,《团结报》,2018 年 12 月 6 日。

26.李佐军:《供给侧改革助推生态文明制度建设》,《人民日报》,2016 年 4 月 5 日。

27.刘和旺、郑世林、左文婷:《环境规制对企业全要素生产率的影响机制研究》,《科研管理》,2016年第5期。

28.龙小宁、万威:《环境规制、企业利润率与合规成本规模异质性》,《中国工业经济》,2017年第6期。

29.陆远如:《环境经济学的演变与发展》,《经济学动态》,2004年第12期。

30.毛振华、袁海霞:《转型与发展:中国经济与政策十年》,《当代经济管理》,2016年第10期。

31.牛文元:《可持续发展理论的内涵认知——纪念联合国里约环发大会20周年》,《中国人口·资源与环境》,2012年第5期。

32.庞雨蒙:《环境政策、竞争引入与异质性发电企业效率》,《经济与管理研究》,2017年第11期。

33.彭海珍、任荣明:《环境政策工具与企业竞争优势》,《中国工业经济》,2003年第7期。

34.任勇:《供给侧结构性改革中的环境保护若干战略问题》,《环境保护》,2016年第16期。

35.史玉成:《环境法学核心范畴之重构:环境法的法权结构论》,《中国法学》,2016年第5期。

36.苏治、徐淑丹:《中国技术进步与经济增长收敛性测度——基于创新与效率的视角》,《中国社会科学》,2005年第7期。

37.王丽霞、陈新国、姚西龙:《环境规制政策对工业企业绿色发展绩效影响的门限效应研究》,《经济问题》,2018年第1期。

38.王如松:《生态环境内涵的回顾与思考》,《科技术语研究》(季刊),2005年第7期。

39.王孝松、李博、翟光宇:《引资竞争与地方政府环境规制》,《国际贸易问题》,2015年第8期。

40.王卓君、唐玉青：《生态政治文化论——兼论与美丽中国的关系》，《南京社会科学》，2013 年第 10 期。

41.吴福象、段巍：《国际产能合作与重塑中国经济地理》，《中国社会科学》，2017 年第 2 期。

42.吴福象：《论供给侧结构性改革与中国经济转型——基于我国经济发展质量和效益现状与问题的思考》，《学术前沿》，2017 年第 1 期。

43.谢涓、李玉双、韩峰：《环境规制与经济增长：基于中国省际面板联立方程分析》，《经济经纬》，2012 年第 5 期。

44.熊艳：《基于省际数据的环境规制与经济增长关系》，《中国人口资源环境》，2011 年第 5 期。

45.许松涛、肖序：《环境规制降低了重污染行业的投资效率吗》，《公共管理学报》，2011 年第 3 期。

46.杨飞：《"环境税"环境补贴与清洁技术创新：理论与经验》，《财经论丛》，2017 年第 8 期。

47.杨振兵、马霞、蒲红霞：《环境规制、市场竞争与贸易比较优势——基于中国工业行业面板数据的经验研究》，《国际贸易问题》，2015 年第 3 期。

48.叶海涛：《绿色政治与生态启蒙——关于生态主义的政治哲学反思》南京大学博士学位论文，2011 年。

49.殷宝庆：《环境规制与技术创新——基于垂直专业化视角的实证研究》，浙江大学博士学位论文，2013 年。

50.殷继国：《我国法经济学文献被引频次的统计分析与评价——以 CN-KI 为数据基础的法经济学研究现状之考察》，《华南理工大学学报》(社会科学版)，2013 年第 6 期。

51.于文超：《官员政绩诉求、环境规制与企业生产效率》，西南财经大学博士学位论文，2013 年。

52.于潇:《环境规制政策的作用机理与变迁实践分析——基于1978—2016年环境规制政策演进的考察》,《中国科技论坛》,2017年第12期。

53.袁枫:《环境规制与FDI区域非均衡增长研究》,《求索》,2013年第3期。

54.原毅军、刘柳:《环境规制与经济增长:基于经济型规制分类研究》,《经济评论》,2013年第1期。

55.张弛、任剑婷:《基于环境规制的我国对外贸易发展策略选择》,《生态经济》,2005年第10期。

56.张嫚:《环境规制与企业行为间的关联机制研究》,《财经问题研究》,2005年第4期。

57.张平、张鹏鹏、蔡国庆:《不同类型环境规制对企业技术创新影响比较研究》,《中国人口·资源与环境》,2016年第4期。

58.张同斌:《提高环境规制强度能否"利当前"并"惠长远"》,《财贸经济》,2017年第3期。

59.赵霄伟:《环境规制、环境规制竞争与地区工业经济增长——基于空间Durbin面板模型的实证分析》,《国际贸易问题》,2014年第7期。

60.赵玉民、朱方明、贺立龙:《环境规制的界定、分类与演进研究》,《中国人口·资源与环境》,2009年第8期。

61.郑杭生:《"环境-社会"关系与社会运行论》,《甘肃社会科学》,2007年第1期。

62.郑建明、许晨曦、李金甜:《环境规制、产品市场竞争与企业研发投入》,《财务研究》,2016年第6期。

63.周茜:《环境因子约束经济增长的理论机理与启示》,《东南学术》,2016年第1期。

64.周小亮、吴武林:《环境库茨涅茨曲线视角下经济增长与环境污染的关系研究——以福建省为例》,《福建论坛》(人文社会科学版),2016年第9期。

65.诸大建:《可持续性科学:基于对象—过程—主体的分析模型》,《中国人口·资源与环境》,2016 年第 7 期。

四、外文著作

1.Abay Mulatu,Reyer Gerlagh,Dan Rigby,Ada Wossink,Environmental Regulation and Industry Location in Europe,*Environmental Resource Economics*,2010(45).

2.Alex Jilberto,Andre Monne,Globalization versus Regionalization,in *Regionalization and Globalization in the Modern World Economy*,Routledge,1998.

3.Andreoni J.,Levinson A.. The Simple Analytics of the Environmental Curve,*Journal of Public Economics*,2001,80(2).

4.Anjula Gurtoo,S.J. Antony. Environmental Regulations Indirect and unintended consequences on economy and business,*Management of Environmental Quality:An International Journal*,2007,18(6).

5.Anthony Heyes,Is environmental regulation bad for competition? A survey,*Journal of Regulatory Economics*,2009,36(1).

6.Anthony J. Barbera,Virginia D. McConnell,Effects of Pollution Control on Industry Productivity:A Factor Demand Approach,*Journal of Industrial Economics*,1986,35(2).

7.Arimura Toshi H.,Sugino M.,Does Stringent Environmental Regulation Stimulate Environment Related Technological Innovation,*Sophia Economic Review*,2007(52).

8.Barry Commoner,*The Closing Circle Nature*,Man and Technology,Bantam Books,Inc.,1974.

9.Bouwe R.,Dijkstra,Anuj J.,Environment regulation:An incentive for foreign direct investment,*NBER Working Paper 3942*,2006.

10.Brock W.A.,M.S.Taylor.,The Green Solow Model,*NBER Working Paper*, No.10557,2004.

11.Chintrakarn P.,Environmental regulation and US states' technical inefficiency,*Economics Letters*,2008(3).

12.Commins N.,S. Lyons,M.Schiffbauer & R.S.Tol. Climate Policy and Corporate Behaviour,*ESRI, Working Paper*,2009(329).

13.Copeland B.R.,Taylor M. S.. North–South Trade and Environment,*The Quarterly Journal of Economics*,1994,109(3).

14.Craig N. Johnston,*William F. Funk*,*Vietor B. Flatt*,*Legal Protection of the Environment*,West,2005.

15.Daniel W. Bromley,*Environment and Economy:Property Rights and Public Policy*,*Basil Blackwell*,Inc.,1991.

16.Darnall N.,Henriques I.,Sadorsky P.,Adopting proactive environmental strategy:The influence of stakeholders and firm size,*Journal of Management Studies*,2010,47(6).

17.Dean T.J.,Brown R.L.,Pollution Regulation as a Barrier to New Firm Entry:Initial Evidence and Implications for Future Research,*Academy of Mangement Journal*,1995,38(1).

18.Domazlicky,Bruce R.,William L. Weber. Does environmental protection lead to slower productivity growth in the chemical industry,*Environmental and Resource Economics*,2004,28(3).

19.Eastery,W.,Levine,R.,It's Not Factor Accumulation:Stylized Facts and Growth Models,*World Bank Economic Review*,2001,15(2).

20.Farzin,Y. H.,The effects of emissions standards on industry,*Journal of Regulatory Economics*,2003,24(3).

21.Garret Hardin,The Tragedy of the Commons,*Science*,1968,162(3859).

22.George J. Stigler,The Theory of Economic Regulation,*Bell Journal of Economics*,1971(2).

23.Goulder L.H.,K. Mathai,Optimal CO_2 Abatement in the Presence of Induced Technological Change,*Journal of Environment Economics and Management*,2000(9).

24.Gradus R.,S. Smulders.,The Trade-off between Environmental Care and Long-term Growth Pollution in Three Prototype Growth Models,*Journal of Economics*,1993.

25.Howlett,Michael,Policy Instruments,Policy Styles and Policy Implementation:National Approaches to Theories of Instrument Choice,*Policy Studies Journal*,1991,19(1).

26.Jaffe,A.,Newell,R.,Stavins,R.,Environmental policy and technological change,*Environmental and Resource Economics*,2002(22).

27.John A. List,Catherine Y. Co.,The Effects of Environmental Regulations on Foreign Direct Investment,*Journal of Environmental Economics and Management*,No.2000(1).

28.Jon D. Harford.,Firm behavior under imperfectly enforceable pollution standards and taxes,*Journal of Environmental Economics and Management*,1978(1).

29.Kerrie Sadiq,Jade Jones,Dr Julie Walker,Environmental Law and the Economic Impact on Australian Firms,*University of Queensland Law Journal*,1998,20(1).

30.Klaasen,D.,McClaughlin,C.P.,The impact of environmental management on firm performance,*Management Science*,1996,42(8).

31.Kneller,R.& Manderson,E.,Environmental regulations and innovation activity in UK manufacturing industries,*Resource and Energy Economics*,2012,34 (2).

32.Lanoie,P.,Laurent–Lucchetti,J.,Johnstone,N.,Ambec,S.,Environmen– tal Policy,Innovation and Performance:New Insights on the Porter Hypothesis, *Journal of Economics and ManagementStrategy*,2011(20).

33.Levinson A.,The Ups and Downs of the Environment Kuznets Curve, *Prepared for the UCF/Center conference on Environment*,2000,November 30– December2.

34.Luigi L.,*Pasinetti. Structural Change and Economic Growth*,Cambridge University Press,1981.

35.Magali Delmas,Michael W. Toffel,Stakeholders and Environmental Man– agement Practices:An Institutional Framework,*Business Strategy and the Envi– ronment*,2004(13).

36.Magali Delmas,The diffusion of environmental management standards in Europe and the United States:an institutional perspective,*Policy Sciences*,2002 (35).

37.Magat,W.,The effects of environmental regulation on innovation,*Law and Contemporary Problems*,1979,43(3).

38.Maia David,Bernard Sinclair–Desgagné,Environmental Regulation and the Eco–Industry,*Journal of Regulatory Economics*,2005,28(2).

39.Majone G.,Wildavsky A.,*Implementation as Evolution in Howard Free– man(Ed.)*,*Policy Studies Annual Review*,Sage Publications,1978(2).

40.Mansur,E. T.,Prices versus quantities:Environmental regulation and imperfect competition,*Discussion Paper Yale School of Management*,2005.

41.Michael Bell,*An Invitation to Environmental Sociology*,Pine Forge Press, 2009.

42.Murty MN,Kumar S.,Win-win Opportunities and Environmental Regulation:Testing of Porter Hypothesis for India Manufacturing Industries,*Journal of Environmental Management*,2003(67).

43.Oliver J,*Blanchard and Stanley Fischer*,*Lectures on Macroeconomics*, MIT Press,1989.

44.P.Krugman.,First Nature,Second Nature,and Metropolitan Location,*Journal of Regional Science*,1993,33(2).

45.Palivos T.,Varvarigos D.,*Pollution Abatement as a Source of Stabilization and Long-Run Growth.*,*Discussion Papers in Economics from Department of Economics*,University of Leicester,2010.

46.Palmer,K.,Oates,W. & Portney,P.,Tightening environmental standards:The benefit-cost or no-cost paradigm?,*Journal of Economic Perspectives*,1995,9(4).

47.Pashigian,P.,The effects of environmental regulation on optimal plant size and factor shares,*Journal of Law and Economics*,1984,27(1).

48.Popp,D.,International innovation and diffusion of air pollution control technologies:the effects of NOX and SO2 regulation in the US,Japan,and Germany,*Journal of Environmental Economics and Management*,2006,51(1).

49.Porter,M.& Van Der Linde,E.,Toward a new conception of the environment-competitiveness relationship,*Journal of Economic Perspectives*,1995(9).

50.Porter,M. E.,American's green strategies,*Scientific American*,1991(264).

51.Prescott,E.,Needed. A Theory of Total Factor Productivity,*International*

Economics Review,1999(89).

52.Roarty,M.,Greening business in a market economy,*European Business Review*,1997,97(5).

53.Roediger-Schluga,T.,*The Porter hypothesis and the economic conse-quences of environmental regulation:A neo -Schumpeterian approach*,North Hampton,Edward Elgar,2004.

54.Rolf Fare,Shawna Grosskopf,Mary Norris et al.,Productivity Growth,Technical Progress,and Efficiency Change in Industrialized Countries,*The Amer-ican Economic Review*,1994,84(1).

55.Rubio S.J.,Goetz R.U.,Optimal Growth and Land Preservation,*Resource and Energy Eonomics*,1998,20(4).

56.Scherer,F.M.&Ross,D.,*Industrial market structure and economic per-formance*,Houghton and Mifflin Company,1990.

57.Taylor M.,Scott,Unbundling the Pollution Haven Hypothesis,*Journal of Economic Analysis and Policy*,2005(3).

58.Ulrich Beck,*Riskogesellschaft:Auf dem Weg in Eine Andere Moderne*,Suhrkarnp,1986.

59.Van Leeuwen G,Mohnen P.,Revising the porter hypothesis:an empiri cal analysis of green innovation for the Netherlands,*UNU-MERIT Working Paper Series*,2013(2).

60.Wu,Yanrui.,Has Productivity Contributed to China's Growth,*Pacific Economic Review*,2003(8).

61.Yoruk,Baris K.,Osman Zaim. Productivity growth in OECD countries:A comparison with Malmquist indices,*Journal of Comparative Economics*,2005,33(2).